（原書名：省水電瓦斯50% 大作戰）

改變開燈習慣，擠出咖啡錢

使用習慣，
省下一半水電費

黃建誠 著

目錄

Ch4

省錢第2步：揪出生活中的吃電怪獸

• 本書隨時舉辦相關精采活動，請洽服務電話：02-23925338 分機16

三大類吃電怪獸的省電妙招！

一、超級吃電怪獸

第1名 冷氣

4～6坪大的房間，冷氣每天開5小時，耗電約4.5度，2個月電費就要1350元。

- 選購冷氣以「冷凍噸數：室內坪數＝1：6」的大小最佳。
- 開冷氣時把電扇擺在受風處，增加空氣對流、提升降溫效果。
- 冷氣調高1℃省電6%，平時設定26～28℃，睡覺啟動舒眠模式。

第2名 電燈

雖然電燈不會同時全部開啟，但比起其他家電，照明的使用時間與頻率，絕對名列前茅。

- 別被省電燈泡名字騙了，直管式日光燈更省。
- 隨手關燈沒必要，離開10分鐘以上再關燈就好。
- 燈管、燈罩記得更換與擦拭，亮度可從44%提升到55%。

第3名 電熱水瓶

根據測試，10公升電熱水瓶1天約用2度電，1年下來就用掉730度電，折合新台幣3650元。

- 善用省電定時功能控制開關，減少重複加熱，省電36%。
- 改用瓦斯爐燒水、保溫瓶保溫，省電一級棒。
- 定期清理水垢，可避免加熱時間拉長，白白浪費電。

二、隱藏版吃電怪獸

第1名 **吹風機**

別看吹風機個頭小小，它的耗電量可是比電視、烤箱、電鍋、微波爐都來得高喔。

· 頭髮先用毛巾擦乾點再吹，縮短吹髮時間。
· 吹髮時利用手指將髮間撐開，可加快頭髮吹乾的速度。
· 選購有節能標章的吹風機。

第2名 **電暖器**

電暖器功率不低，寒冬時，若每天使用 3 小時，30 天下來也用掉了 63 度電，約莫 315 元。

· 小空間、想速暖，建議選陶瓷式。
· 大空間，想順便烘衣、烘鞋、烘被子，建議用葉片式電暖器。
· 浴室用，選擇防水且具溫度控制，及溫度斷路器的對流式電暖器。

第3名 **吸塵器**

吸塵器所消耗的電力不小，一般家用型所消耗的電力和小型冷氣在伯仲之間。

· 大功率不見得大吸力，看消耗功率不如看吸入功率。
· 將空間先整理好，避免一面彎腰收拾一面消耗吸塵器電力的狀況。
· 使用完畢立即清理濾網及集塵袋，避免吸力阻塞、吸不乾淨。

三、特別版吃電怪獸

第1名 烘衣機

烘衣機運轉 1 小時相當於洗衣 6 小時的電費，耗電力不僅驚人，而且隨便都破千。

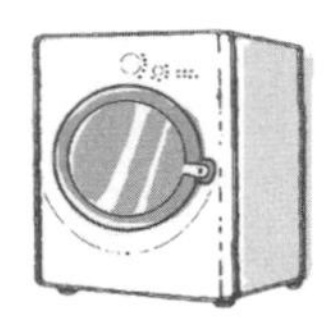

- 容量過大易耗電，4 口之家挑撰 5 ～ 7 公升即夠用。
- 衣物先風乾再烘，烘乾時間可縮短到 10 分鐘。
- 烘衣前先分類，烘衣效率更提升且省電。

第1名 電熱水器

洗澡 6 分鐘就要 1 度電，倘若您哉洗了快 30 分鐘，就洗掉 5 度電，與烘衣機並列第 1 名。

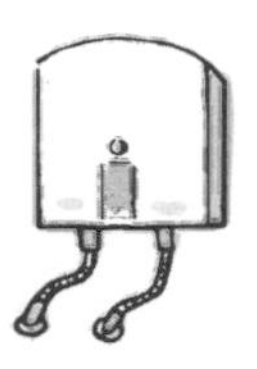

- 選擇合適大小，4 口之家挑選 60 ～ 100 公升為宜。
- 儲熱式電熱水器洗澡之前再開，避免反覆加熱浪費電。
- 夏天溫度設定 37 ～ 40℃，冬天設定 42 ～ 45℃，舒適又節能。

※ 更多、更詳細內容請見第三章。

小資族看過來

最經濟乾衣術——善用電風扇、除濕機、毛巾

① 夏天時，衣服脫水後馬上取出並抖一抖，接著掛上活動衣架，用電風扇對著衣物，吹一吹很快就乾了。

② 冬天時就換除濕機上場，一邊除濕還能一邊乾衣。

③ 貼身衣物洗好之後，鋪上 1 條毛巾，將兩者緊實捲起，利用毛巾來吸收衣服上的水分與濕氣，比徒手擰乾效果好上幾倍，反覆幾次物盡其用後，再將衣物掛起晾乾，不僅省力又快乾！

推薦序❶

節能就是：省錢又能做好事！

在「節能減碳」成為社會共識與大家朗朗上口的台灣社會，對於「節能」與「減碳」的基本科學、實際數據、策略設定、成本效益、關鍵行動等卻相對較少討論。以「為什麼要節能？」這個看似基本的問題為例，若要回答，則必須先理解何謂「能」、節能的意義、節能的方法等。然而，誠如本書作者所言，很多「想當然爾」的約定俗成或口耳相傳的「小撇步」是否真的管用，其實都需要經由科學驗證，或融入社會文化情境後研判。

作者黃建誠是我國在能源管理領域中的專家，擔任台灣綠色生產力基金會經理多年，對於節能、省電、減碳等相關領域的策略與作為有深入的研究，也有豐富實務經驗。本書中提出許多基本的概念，更直接標舉出深植許多人心中的迷思概念與不正確的行動，就教育心理的角度還看，是非常有效的策略。節能或節電對於大家來說，最主要的一個意義就是「省錢」與「做好事」，而「省錢」比「做好事」更為重要。所以，作者單刀直入告訴大家「這並沒真的省到錢」、「要這樣做才真的會省到錢」、「要先學會看懂帳單」等等這些最基本的事情，應該是最實用不過的了。

個人在以往的教學研究、社會參與和行政工作的經驗中，深刻體會到基礎資訊與基本知識對於政策溝通的關鍵性。譬如，在討論省電之前，至少先確定自己知道瓦（功率）與度（能量）是不同的概念，而電力是以「系統」的方式供應，不同的發電方式對於系統的貢獻也是不同的。這樣，我們對於「隨手關燈省電是有條件的」、「晚上用電沒有比較省」、「改掉沒有必要的保溫保冷習慣」等論述背後的道理就更容易了解。無論如何，我國因為先天條件的限制和低廉的電價，造成缺電風險逐年提高。從各種角度來看，節電都是必要且無悔的選擇。透過這本書，讓我們更聰明地節電！

行政院政務委員、台灣師範大學環境教育研究所教授

葉欣誠

DIY輕鬆打造省錢舒適節能術

台灣綠色生產力基金會成立宗旨，一直秉持協助政府推動各項環保與節能施政，積極輔導產業提升環境經濟效率，促使企業朝向永續發展經營，成效斐然，實有賴本會優秀工程師專業技術與豐富經驗。

本書作者黃建誠為本會資深工程師，具備二十多年節能減碳專業技術與經驗，為節能減碳專業的講師。不僅於輔導廠商之餘，持續充實專業知識，更於二〇〇六年著作《節能省電救地球》一書。近年來，更將落實在節約能源案例上累積的技術與經驗，整理成獨家的省電、省水、省瓦斯妙招，讓您省得更有感。不只如此，作者特別加碼「企業、店家不可不知的省電祕訣」，幫老闆們精打細算每一塊錢，最後還無私分享居家、店家和社區省電案例。

更難能可貴的是，本書圖文並茂呈現作者對節能的獨到觀點，深入淺出地提供省電指數測驗，闡釋用電迷思、節能處方，以及省電節能新知，協助讀者建立正確節能觀念，並揪出那些害你多花錢的耗電怪獸，調整錯誤擺設，修正不當使用方式與觀念，用更有效率的方式來使用家電、瓦斯、水等。

《省水、電、瓦斯50%大作戰!!》不僅是一本適合每個人的節能小百科，更是一般企業及學校極佳的能源教育優良教材，特此推薦！

財團法人台灣綠色生產力基金會董事長

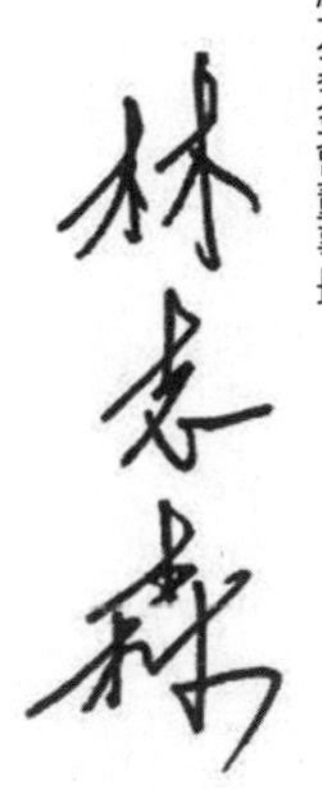

作者序

大家一起來當個智慧節能達人！

相信多數人應該和我一樣，並不希望為了追求低電價的省錢生活，而過著如同苦行僧般的日子。但是，省錢有可能兼顧舒適與便利嗎？當然有！省錢不一定要遠離舒適圈，強迫自己成為摩登原始人！我著作這本書的目的，就是要傳授你「舒適便利」與「有效節能」二者兼顧的省錢小妙招。

事實上，我們的荷包之所以不斷被家電（或瓦斯、水）搬空，最大的主因不外乎使用不恰當、觀念不正確、相關選擇或配置錯誤等。因此，只要揪出那些讓我們多花錢的耗電怪獸，並且調整錯誤擺設、修正不當使用方式與觀念，就能成功保住荷包，且舒適感絕不打折，保證你冷氣照吹、電視照看、電動照打、熱水澡照泡，更重要的是能為環保盡一份心。

本書所介紹的各種節能小祕訣，以及家電耗電量與優缺點比較，多半是經我實際測試過的經驗分享。另外，為了幫助大家認識國內外省電節能新知，我把每次國內、外出差或旅遊搜集而來的各地節能新觀念、新科技、新資訊，呈現於於本書的「科技新知」單元，以提供讀者學習參考與應用。無論你是小資抗漲，或是想要減碳救健康、環保救地球者，都歡迎翻開這本書，挑選你需要的、你做得到的、你喜歡的、你願意嘗試的各種生活小妙招，輕輕鬆鬆省錢、輕輕鬆鬆節能，涼快一「夏」，溫暖過「冬」，「省」得舒服又健康！

最後，特別感謝綠基會林志森董事長與鄭清宗執行長常年鼓勵我進修與專業技術精進，讓我將原本專業又艱澀的節能理論與作法，轉化成一本易讀易懂的實用寶典；其次，要感謝家人、出版社，以及消費者的需求提問，讓本書能以輕鬆活潑的解說方式解答你我生活中省水、電、瓦斯的疑惑，本書可說是一本省荷包也兼顧節能的雙贏工具書。

財團法人台灣綠色生產力基金會經理、本書作者

黃建誠

閱讀之前

台灣人10大用電迷思，你有幾項？

3分鐘測出你的節能IQ指數

節能省電救地球，是我們共同的目標，但是，你的節能觀念和做法都正確嗎？你是不是以為「買冷氣就要買變頻？」、「省電燈泡最省電？」、「離開房間要隨手關燈？」、「不用的電器要拔插頭？」

想知道自己的節能IQ指數有多高，只要做完以下測驗，就知道到底合不合格！

Q1 變頻冷氣最省錢？

A：不見得，省不省錢和使用者的需求有關。

定頻冷氣與變頻冷氣因壓縮機運作方式不同，而有不一樣的特性。對冷氣溫度穩定度要求較高、不喜歡空間忽冷忽熱、吹冷氣時間長（吹過夜者），較適合選擇直流變頻冷氣，反之，選擇定頻冷氣會比較省錢。

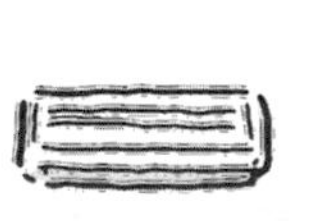

Q2

電器能用就不修、能修就不換，才是省錢最高原則？

A：錯！電器和人一樣都會老化，該換就要換。

超齡的電器效率比較差，使用一樣的電力，卻會出現冷氣怎麼吹都吹不冷、冰箱溫度降不下來導致食物壞掉、燈泡開了像沒開一樣……，為了省點小錢卻得花更多電費，其實一點也不聰明。提醒你，當電器超出使用期限，或頻頻故障時，請別猶豫，換新家電吧！

Q3

不用開冷氣！多開電風扇就能降低室溫？

A：錯，電風扇並不能改變溫度，它只能促進空氣對流。

電風扇本身並沒有改變溫度的功能，它是透過促進空氣對流，讓室內、室外溫度漸漸趨近相當，我們才會因此感到涼爽。如果光吹風扇卻不開窗，悶熱空氣在室內循環，沒有冷熱交換，不管動員再多的風扇，也一樣徒勞無功「吹不涼」，白白浪費電而已。

Q4

使用省電燈泡才能省電，最好全面更換？

A：錯！省電燈泡只是比白熾燈省電，不比日光燈省電。

省電燈泡全名叫做「緊湊型螢光燈」，是彎曲版的日光燈，嚴格說來，只是比白熾燈（鎢絲燈）省電，若和直管式日光燈相比，並沒有比較省電。想要節能，請記住「鎢絲燈換省電燈泡、日光燈選T5燈管（搭配電子安定器）」這兩個原則即可。

Q5

隨手關燈省更多？

A：不見得，應視離開時間的長短而定。如果離開十分鐘之內，並不用關燈。

電燈的使用壽命與電壓及「壞掉之前可承受的特定開關次數」有關，換言之，頻繁開關燈，會折損燈泡的壽命。當然，隨手關燈的概念並沒有錯，但如果只離開十分鐘，建議就別關燈了，以免電燈提早壽終正寢。

Q6

電器不用會耗電，應該要拔插頭？

A：錯！太頻繁拔插頭容易使插座壞掉。

頻繁拔插頭，會造成插座內的簧片鬆動，灰塵也容易跑進插座縫中，導致接觸不良或通電時短路冒火花，不僅不會比較省電，反覆啟動還可能損害電器的使用壽命！建議善用定時器或多孔開關延長線，就能輕易解決電器待機耗電的問題。

Q7

用電暖器烘衣一舉數得？

A：不見得，只有葉片式電暖器適合。

所有電暖器中只有葉片式電暖器可以用來烘衣、烘鞋、烘被子，其他類型的電暖器一概不適合，以免發生引燃火災或電線走火的憾事。另外，即使使用葉片式電暖器烘衣，也不能直接將衣物披掛在電暖器上，請務必使用專用烘衣架！

Q8

夜晚電價比較便宜，集中在晚上洗衣、用電腦比較省錢？

A：不見得，用電量大者才需考慮分尖峰與離峰時間的電價。

如果帳單上用電種類顯示為「表燈非時間電價非營業用」，那麼根本就沒有尖峰、離峰的差別喔！目前民眾可選擇的電費計價方式，的確有「非時間電

價」（二十四小時相同）與「時間電價」（分離峰與尖峰）兩種。不過，坦白說，除非家庭用電量很大，否則選擇時間電價並不划算。

Q9 營業用電選擇兩段式電表比較省？

A：不見得，可從營業時間、電費、電器總計功率來判斷。

建議商店、辦公大樓，每天營業且營業時間不超過十二小時、平均每月電費低於一〇〇〇〇元（用電量約低於三〇〇〇度）、商店總計電器功率低於一〇kW者、用電集中平日上班時間者，選擇非時間電價會相對划算。反之，選擇兩段式電表會比較划得來。

Q10 契約容量超約會被罰錢，寧可抓高也不抓低？

A：錯！應利用「經常最高需量」來分析，找出最合理值。

雖然超約會被收取「超約附加費」，但契約容量沒有辦法計算最低值，只能透過排序找到最合理值，契約容量一年有三到四個月的超約罰款，已經算是非常合理的數值。建議商家利用「經常（尖峰）最高需量」來找出合理值。

省錢先省電，日子更好過

隨著油電雙漲、物價指數節節攀升，
很多人都有荷包越來越緊的感嘆。
身為小老百姓，對於物價只能被迫接受嗎？
其實，只要善用節能方法，
不僅可以幫自己省下不少花費，
還能為自己的健康、
為地球環保盡一份心力喔！

油電齊漲，日子越來越難過

你覺得自己的日子越來越難過嗎？為什麼賺的錢那麼不禁花？人力資源公司曾進行「貧窮感指數大調查」，結果發現，約有八成的上班族認為自己「超窮」，可見台灣人貧窮感指數高到破表。相信這短短二、三年以來，大家都漸漸發現，無論是購物、聚餐、郊遊踏青、出國旅遊、各項繳費（電、水、瓦斯、學費等等）、房價……，都顯著地節節上升，令人禁不住大喊吃不消。

而這一切的一切，都要從三年前的四月說起。

西元二〇一二年四月一日，中油大幅調漲油價，九二無鉛汽油從每公升三一．七元調漲成三四元；九五無鉛汽油從每公升三二．四元調漲成三五．五元；九八無鉛汽油從每公升三三．九元調漲成三七．五元；柴油從每公升二九．九元調漲成三二．一元，所有油品漲幅皆超過一〇％。兩個星期之後，經濟部又宣布五月中電價調漲，平均漲幅逼近三〇％。

油與電原本就是民生必需，我們的生活與之密切相關。舉凡開車、烹飪、沐浴、使用電器等都需要油與電；塑膠製品、人造纖維衣物、火力發電等也都要用到石油，而生產加工過程更需要耗費大量電力，一旦油電價格往上調漲，就意味著商品生產成本也跟著提高，物品售價自然要跟著漲價了。換言之，油電雙漲對我們生活產生明顯的蝴蝶效應，相信大家都能明顯感受到「錢變薄」了。

夜市的蚵仔煎從一份五〇元漲到六〇元；高鐵台北到高雄車票，原本一張一四九〇元，現在一張要一六三〇元，返鄉一趟得多花二八〇元；中部知名度假勝地票價從二〇〇元漲到二五〇元，一家四口就要多花二〇〇元；就連生活中看電影的小確幸也受到波及，一般數位電影票價漲了二〇元，但若是看IMAX、3D版的話，一張票就要變成四四〇元！還有，有些物品的價格表面上似乎聞風不動，但其實內容物早就有所調整，例如火鍋料從一二〇公克減少成一〇八公克，看起來澎湃飽滿的洋芋片六成裝的是空氣，說穿了就是變相漲價。

油電雙漲後物價變化

項目	調張前（2013年10月）	調張後（2015年02月）
85度C蛋糕	45元／個	55元／個
便當店（排骨便當）	94元／個	104元／個
洗衣店（襯衫送洗）	40～50元／件	60元／件
KTV 3小時包廂＋自助吧	520元	550元
高鐵（北—高單程）	1490元／張	1630元／張
夜市蚵仔煎	50元／份	60元／份
電影票（3D版）	420元／張（最高）	440元／張（最高）
杉林溪門票	200元／張	250元／張
九族文化村纜車	250元／張	300元／張
可口可樂（350ML）	20元／瓶	22元／瓶
痘痘貼	109元／包	119元／包

降低痛苦指數，從控制電費開始

既然萬物皆漲價，那麼想省錢，最直接的方式就是減少消費吧？然而，很多生活必需品是一定要花的，例如水電瓦斯等基本開銷，無論如何都省不了。以電費來說，**四口之家平均每兩個月的用電度數約八九六度，調整電價後，帳單會從二七四七元變成三〇〇八元，就算你生活沒有任何改變，單單電費，每兩個月就得多付二六一元，一年下來也要多花快一六〇〇元**。因此，雖然我們這些市井小民只能被動的接受民生物價調漲，並無主控權，但只要多花點心思，至少可以在水電瓦斯費用上保有自主彈性，能省則省，那麼我敢保證，你的荷包將可以少花冤枉錢，減緩你的消費痛苦指數！

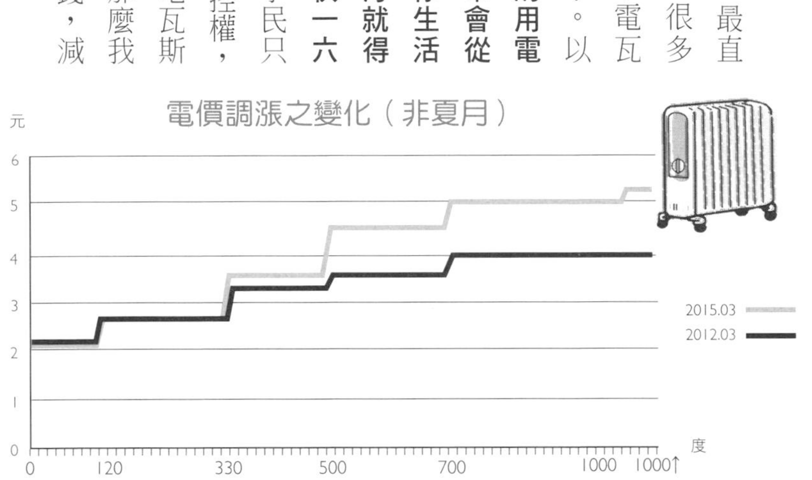

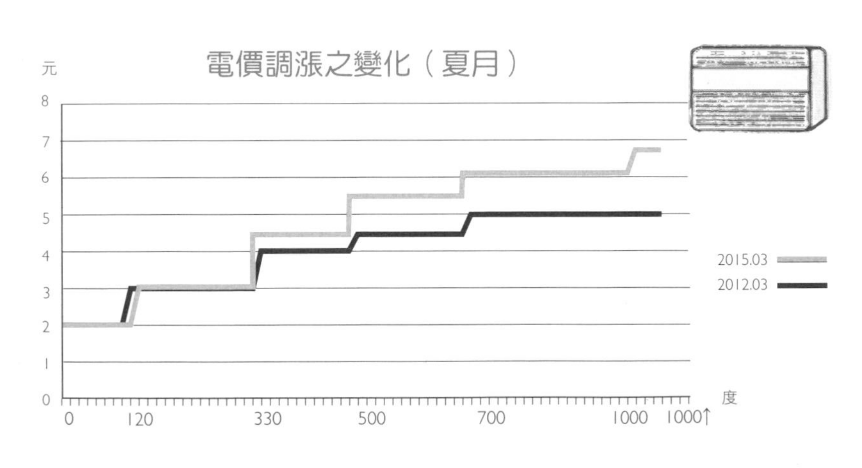

找出用電問題，才能省錢又環保

用電問題①

生活態度錯誤，浪費多餘電力

單就電價來看，台灣住宅電價全球第三低，工業電價全球第四低，是相對便宜的。但是，台灣每年人均用電量高達一〇二三七度，勇奪亞洲用電第一，和全世界比也只輸了美國，除了工業用電之外，其實你我都是「禍首」。

拿到帳單時，我們總忙著檢討台電、政府，並埋怨電費太高，但卻忘了檢討自己。請大家試想看看，你是不是經常過著這樣的生活：

在炎炎夏季裡，冷氣要二十四小時不間斷的吹，溫度設定也要夠低，冷了反正加件薄外套就好。

為了隨時都有熱騰騰的水可以飲用，電熱水瓶要三百六十五天、二十四小時都插著電才行。

電腦是天天都要用的，乾脆就不關機了。

電燈關了又開、開了又關太麻煩，白天燈火通明才方便。

晾曬衣服多麻煩，洗完衣服直接烘乾，或開啟洗脫烘模式一次就能搞定……

以上這些用電行為在台灣好像很普遍，但聽在日本、德國、丹麥、澳洲等和我們一樣正為用電所苦的國家民眾耳裡，一定會大呼不可思議。因為許多我們習以為常的習慣，都是浪費電力的行為。

因此，想要減少電費支出，調整自己錯誤的用電態度與觀念是必要的，**所謂節能用電並非要大家遠離用電，降低生活品質，而是更有效率的使用能源，該用則用、該省則省**。舉例來說，美國加州在西元二〇〇〇年時曾限電長達一個月，當時民眾自發性採取的省電行動，其實不過就是三大重點：①隨手關燈、②冷氣設定在二六℃、③離峰時才用大型家電，但隔年立馬看到省電效果。

而走過二〇一一福島核災的日本，更是在全國企業、家庭的努力節電下，達到節電一五%的目標，安然度過十七座核電廠全數關閉的缺電危機。他們是如何做到的呢？靠的除了嚴格的限電措施，例如工廠、辦公大樓等用電大戶未達到限電目標最高罰款一〇〇萬日圓之外，最主要的原因還是民眾落實在生活中的各種節電做法，例如個人減少用電浪費、家庭更換高效能產品、減少待機電力、利用爬藤類植物降低室內溫度、企業調整上班時間避開平日密集用電時段、公司自行實施夏季日光節約時間，提早一個小時上班、車廂溫度從二五℃調高到二八℃、車站霓虹燈大幅調低、飲料販賣機內燈具採高效節能ＬＥＤ燈並裝置獨立電表等等。

當然各國政策、國情不同，省電方針各異，我們無須依樣畫葫蘆，但他山之石可以攻錯，從美日等國的例子我們可以發現，**真正有效且正確的用電態度，正是節電的根本。**

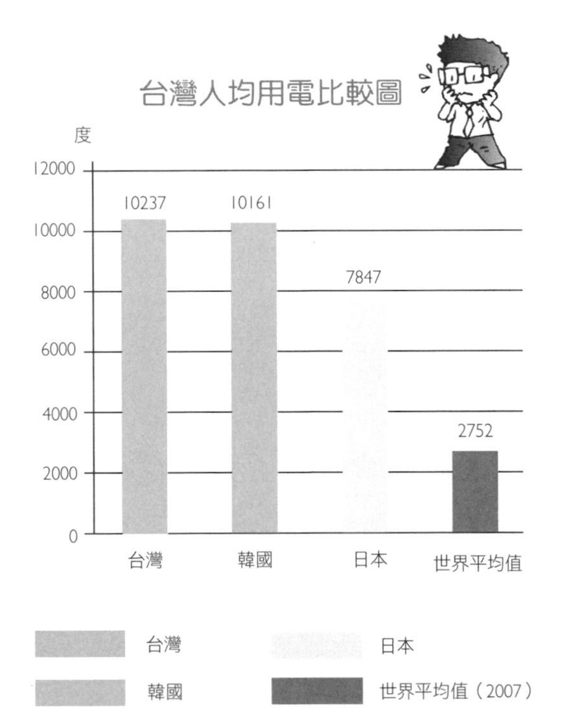

各國住宅／工業電價比較圖

2013 年我國住宅電價全球第 3 低

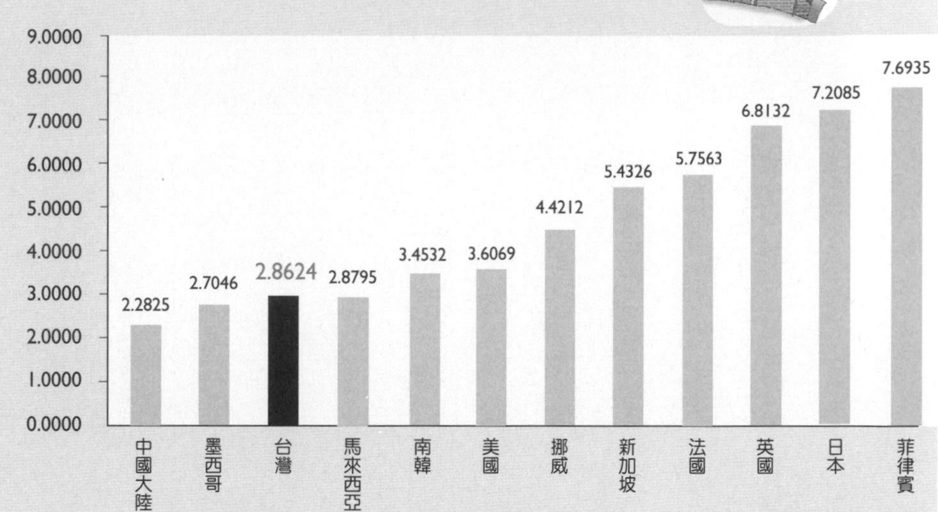

註：1. 資料來源：國際能源總署（IEA）2014 年 9 月發布統計資料。
2. 台幣對美元換算匯率為 1 美元：29.77 台幣（2013 年平均匯率）。
3. 中國大陸為 2010 年資料，其他國家為 2013 年資料。

2013 年我國工業電價全球第 4 低

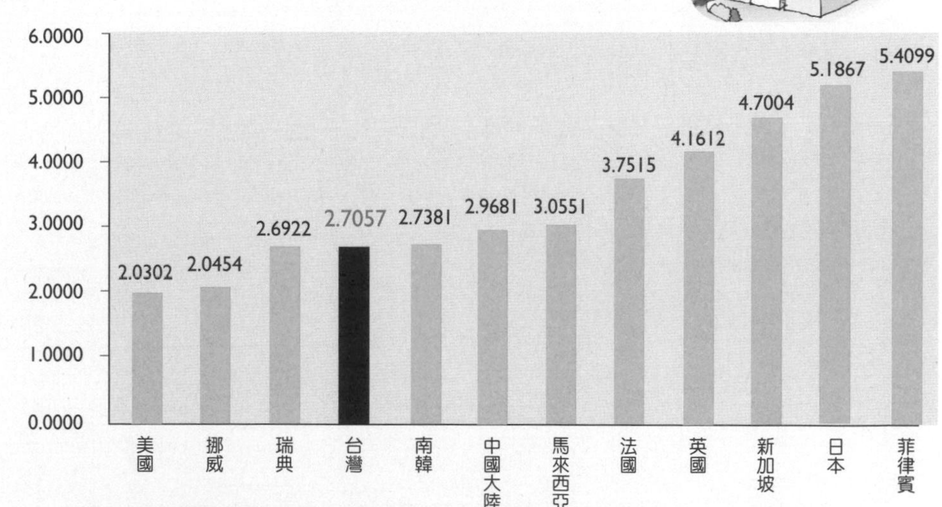

註：1. 資料來源：國際能源總署（IEA）《ELECTRICITY INFORMATION（2014 Edition）》與亞鄰各國電價資料。
2. 台幣對美元換算匯率為 1 美元：29.77 台幣（2013 年平均匯率）。
3. 中國大陸為 2010 年資料，其他國家為 2013 年資料。

用電問題②

台灣99%能源得依賴國外進口

台灣雖然蘊含著各種豐盛富饒的資源，但偏偏缺少傳統化石燃料（煤、石油、天然氣等），因此**有九九%以上的能源需仰賴國外進口，其中石油占了一半，燃煤占三成，天然氣約一成**。我們買石油要看中東國家的臉色、進口燃煤有求於印尼、澳洲，而天然氣則要仰賴印尼與馬來西亞伸出援手。也就是說，一旦原料來源國提升售價，我們也只能被迫接受。

但你想過進口的能源到底都用在哪裡嗎？據統計，**台灣將近一半的進口能源其實都用在發電上！**在全球石油能源逐漸耗竭的狀況下，台灣的能源未來其實充滿著隱憂與危機。因此，若不想處處受他國掣肘，台灣除了調整電力結構、用電政策、產業結構外，積極尋找並推動適合台灣的再生能源系統，才是政府該努力的方向。但節約能源絕對不只是政府的責任，我們若不能切實做好節約能源，費用最後將轉嫁到自己身上。

善待環境的新能源如綠色電力等，需要時間才能成熟，對解決台灣當下用電問題顯得緩不濟急。因此，**我們最迫切需要的是妥善運用各種節能方法，將每一度電的效率發揮極致，並減緩能源的消耗**，如此，才能避免發電成本降不下來，電價一而再、再而三調漲的困境。

用電問題③

一度電的代價並不是只有幾塊錢而已

雖然電價節節上升，但不少人心中想的可能是，就算省下幾度電，又能省多少錢呢？其實，除了積少成多外，很多人都忽略了一度電的背後代價可不只是一度電！

要了解一度電背後代價，得從發電方式說起。我們常聽到發電方式有水力、火力、風力、太陽能、核能及生質能。台灣在日治時期的主要電力來源是水力發電，然而，**水力發電不僅破壞水土保持也破壞溪流生態，對環境帶來極大衝擊**，因此從民國五十年起，開始進入水力與火力發電並重的時期。後來因工業、經濟迅速起飛，火力發電漸漸成了台灣電力的主要來源。

火力發電靠的是燃燒化石燃料產生蒸氣來推動發電機，**過程中會排放大量溫室氣體，不僅污染了地球環境，造成全球溫化、雨林與物種的漸次消失，也威脅著人體的健康。**加上台灣能源多仰賴進口，為降低石油能源危機所帶來的衝擊，國內能源開始趨向多元化，核能、風力、太陽能、生質能等皆成為替代選擇。其中，最為人詬病的就是核能發電了，除了安全問題外，核廢料的處理也頗棘手。畢竟截至目前為止，全球還沒有出現永久處置成功的案例，反倒是核廢料外洩事件頻傳，且國土永久喪失更是難以評估的代價。至於風力、太陽能、生質能等再生能源技術，在台灣則尚未成熟，還需要克服不符合經濟效益的缺點。因此，截至目前為止，台灣仍有高達七六%的發電量來自於火力發電。

由於台灣用電便利，很多人都有「電如空氣，取之不盡用之不竭」的錯覺。實際上，要產出一度電，背後其實要有電廠運作、電線傳輸等看不見的成本，再加上蓋發電廠、蓋高壓電塔、設置變電箱、大興土木破壞環境、水土保持不良、物種棲地受到干擾、健康安全遭受威脅……等等經濟、環境、健康成本。一度電的代價如此之大，我們又怎麼能輕易浪費呢！

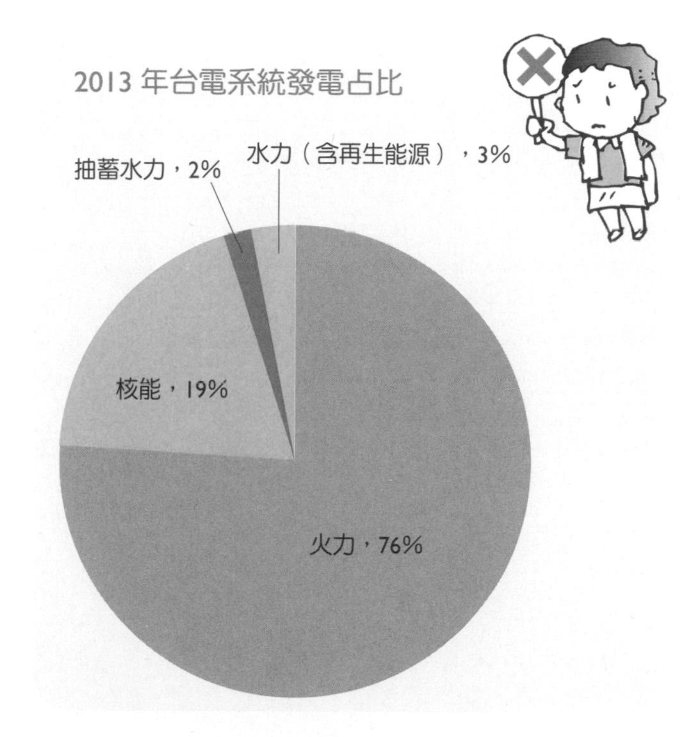

掌握省電關鍵，節能並非麻煩事

相信讀者們讀到這兒應該會發現，用電的態度和方法不只和個人有關，也牽涉到經濟、社會、環境等問題，不過，對老百姓來說，最關心的應該還是如何降低電費支出這類最實際的問題。

隨著電價節節上升，其實有越來越多民眾在意且願意從生活上多下一些功夫，為節省自己的金錢而付出行動。只要你願意上網搜尋，相信不難找到許多能源達人的省電妙招。然而，就我來看，有些人的作法未免太過刻苦，其實很難持之以恆，例如：

避開NG省電法

- **夏天室溫不到三〇℃絕不開冷氣。**
- **全家盡量待在同一個空間，分享同一盞燈。**
- **全家房間盡量少開燈，開燈數量越少越省電。**
- **一次煮好三天的晚餐，要吃再加熱就好。**
- **夏天用冷水洗澡才夠man。**

上述節約能源的方式，除了太強人所難之外，還不乏「錯很大」的計策，甚至可能賠上健康，省小錢卻花大錢，反而得不償失！

另外，如果節省能源的方法錯誤，不但沒省到錢，其實還會更花錢喔！例如：

- **將家裡所有日光燈都換成省電燈具。（其實，日光燈與省電燈具都是螢光燈的一種，甚至效率更好、更便宜。）**
- **電器不用也耗電，應該要拔插頭。（其實，這樣插座反而容易壞，接觸不良冒火花更危險，善用**

定時器或多孔開關延長線才聰明。）

- **節儉是美德，家電能不換就不換。（其實，超齡家電可能害你多花冤枉錢，評估一下該換就換。）**
- **想省電，一定要隨手關燈。（其實，頻繁開開關關會讓燈泡折壽，只是離開一下不用關燈。）**
- **夜晚離峰時用電會更省，家人衣服一律晚上洗。（其實，住家一般申請非營業非時間用電，根本沒有尖峰、離峰差異，誤會大啦！）**

當個聰明省電達人

上述各種刻苦省錢法，若有人能雷厲風行，我也十分佩服。但相信多數人應該和我一樣，並不希望為了省錢過著如同苦行僧般的生活。但追求低電價的省錢生活，有可能兼顧舒適與便利嗎？當然有！誰說省錢一定非要遠離舒適圈，強迫自己成為摩登原始人呢？這本書要告訴諸位的就是兼顧「舒適便利」與「有效節能」的省錢小妙招。此外，也藉此撥亂反正，釐清各種滿天飛但卻不恰當的省錢伎倆和觀念。

其實，我們的荷包之所以不斷被家電（或瓦斯、水）搬空，最大的主因不外乎①使用不恰當，小看了電器的耗電量；②觀念不正確，所作所為幫倒忙，不節電反而更費電；③相關選擇、配置錯誤，讓電器效能銳減。因此，只要揪出那些害我們多花錢的耗電怪獸、調整錯誤擺設、修正不當使用方式與觀念，用更有效率的方式來使用家電、瓦斯、水等，就能在這場戰役中奪得先機，成功為荷包保住一片可觀的疆土，且我保證舒適感絕不打折，讓大家冷氣照吹、電視照看、電動照打、熱水澡照泡……，更重要的是能為環保盡一份心，舉手之勞就能保護地球、保護其他物種、維護環境的永續，留下一片淨土。

省錢＋舒適＋環保，你也能變成省電達人！

省電還能愛地球、護健康

其實，學會節電過生活不僅可以省錢、救地球，還能救自己！此話怎講呢？先前提過，台灣的電力供給約有七六%仰賴火力發電，隨著發電過程而來的二氧化碳、懸浮微粒（PM10）、細懸浮微粒（PM2.5），對心肺系統有著不小的影響。最近PM2.5聲名大噪，這種直徑約為頭髮二十分之一的細懸浮微粒，可以直接藉由呼吸，穿越肺泡進入人體中，但其實懸浮微粒也會造成相同的健康危害！若不願意氣喘、肺功能降低、血管發炎、慢性支氣管炎、心臟病、肺癌……等疾病如影隨行，我們當然要例行節約用電，才能減少碳排放，愛護環境也愛護自己的身體。

總之，不管是小資抗漲、或是想要減碳救健康、環保救地球，都歡迎翻開這本書，挑選你需要的、你做得到的、你喜歡的、你願意嘗試的各種生活小妙招，輕輕鬆鬆省錢、輕輕鬆鬆節能，涼快一「夏」溫暖過「冬」，「省」得舒服又健康！

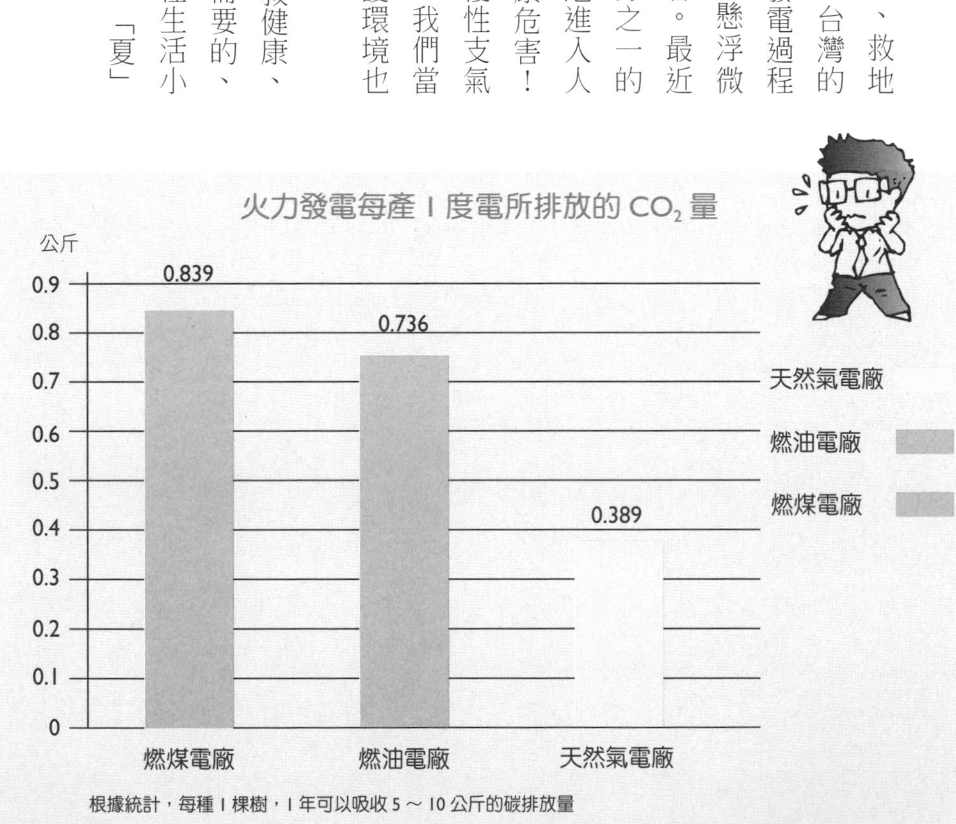

讓節能成為一種新生活態度、新企業文化

隨著環保意識抬頭，這幾年節能減碳的口號早已喊得震天價響，但回頭看看我們所交出的成績單：台灣是亞洲排碳王國，從西元 1990 年算起，台灣人均排碳量足足增加一倍，是全球平均速度的三倍……，可見不論是政府、企業或個人，努力空間都還很大！

目前電力占了全台總排碳量的六成，可見全民一起努力省電，絕對是減少碳足跡最實際的做法。針對個人方面，台灣有 2340 萬人口，每個人只要每個月省下 1 度電，1 個月就節省了 2340 萬度的電力，1 年可省下 28080 萬度，約莫等同於 2.81 億度。以台電西元 2013 年火力發電量 1629 億度，2014 年核能實際發電量 408 億度來推估，光是發揮小蟻雄兵的力量，我們就可以省下火力發電廠 1/58 的發電量，或是核能發電廠 1/145 的發電量！

倘若企業也能積極投入省電戰場，數字更可觀。依能源局統計，全台總用電量約 2000 多億度，其中光服務業（含百貨、飯店、醫院、辦公大樓、機關、學校、小商店、住宅……）的用電量就約 40 億度，占了總用電量的 20%，又根據個人輔導經驗，企業只要調整用電習慣，就能節省 10%用電，若進一步更換高效率的設備並搭配控制調

整，可再節省 10～20%用電，雙管齊下，有 20～30%的節能潛力。若服務業者願意加入節約用電的行列，單憑一己之力就能省下火力發電廠 1/136 的發電量，或是核能發電廠 1/34 的發電量。再結合個人及其他各行各業一起努力，不僅能讓用電更餘裕，生命健康安全也能更有保障。

關於政府方面，我期許相關單位能活用多種管道宣導節能減碳觀念，透過多元化、有趣、貼近生活的方式，來教育民眾與企業如何 DIY 減碳，再彙集各類型節能成功案例做為範本，讓民眾或企業能自動自發從自我作起。例如日本東京都在公園、公共區域設有能源展示屋，不僅透過展示讓民眾清楚了解再生能源及高效率節能設備，同時活動場所內也安排經培訓認證的節能達人，在現場進行解說與服務，民眾有任何用電疑難雜症，都可向他們諮詢。如此便捷的服務，必能大大提升民眾節電意願。

改變真的無需大張旗鼓，只要轉念，就能啟動改變的力量，期望省電節能能夠深入我們的肌理，成為一種新生活態度、新企業文化，確確實實落實在生活中。讓我們享受便利生活、經濟發展的同時，不僅能保住荷包，還能同時享有清新的徐徐微風、滿天耀眼的星斗、悅耳婉轉的鳥鳴、清香撲鼻的花草味、舒適安全的環境，並且讓這樣的美好能一直一直傳承下去。

Ch2

你的省電方法正確嗎？

每次收到電費帳單，你是否都有這樣的疑問：

「我明明就已經努力省電了，為什麼電費還是這麼高？」

如果你經常有這樣的疑惑，那麼最大的原因就是你用錯了省電方法。

想要聰明省電，首先就要找出自己的用電問題，對症下藥，

才能真正解決你的用電危機。

省電指數測驗——2分鐘測出用電問題

聰明用電，並不是只要經常關掉電源就行了，有時候用電觀念不正確、使用電器方式錯誤等，都可能造成「失靈」。想知道自己的省電方式對不對，請先進行下面的省電指數測驗，找出你真正的用電問題。

①在❶、❷、❸、❹四組敘述中，認為正確或符合的項目中打勾。

②計分說明：A項4分，B項3分，C項2分，D項1分，總分＝各項數量×各項分數加總。請將各組分別加總計算，並填入結果。

例如：A項有4個、B項有2個、C項有1個、D項有1個

總分＝(4×4)＋(3×2)＋(2×1)＋(1×1)

=25

觀念對、方法對，才不會在無形中浪費電。

第1組 基礎版用電

	A	B	C	D
夏天平均1天開冷氣的時間長度為？	超過12小時	約9小時	4～6小時	少於3小時
室內冷氣溫度經常設定在？	低於22℃	22～24℃	24～26℃	26～28℃
家裡鎢絲燈所占比例為？	全部	50%	25%	沒有
電熱水瓶／開飲機平均1天開啟時間是？	24小時	12～16小時	8～10小時	沒有使用
冰箱平均1天開啟次數為？	10次以上	6次	3次	1次
冰箱冷凍冷藏庫大部份時間的食物裝置容量為？	100%全滿	90%滿	80%滿	50%半滿
洗衣機每次洗衣量為？	100%全滿	90%滿	80%滿	50%半滿
電視平均1天使用的時間是？	超過10小時	8～10小時	3～4小時	1～2小時
合計	個 ×4＝	個 ×3＝	個 ×2＝	個 ×1＝
總分				

2 隱藏版用電

第 組	A	B	C	D
吹風機使用方式與時間是？	頭髮濕濕時，吹 1 小時以上	頭髮濕濕時，吹 30 分	頭髮用毛巾擦乾，再吹 10～20 分	頭髮用毛巾擦乾，不使用吹風機
什麼樣的狀況會開啟電暖器？	冬天期間天天開	覺得冷即開暖氣	室外溫度低於 18～19℃開暖氣	沒有使用
冬天電暖器平均 1 天使用多久？	超過 8 小時	4～6 小時	1～2 小時	沒有使用
吸塵器開啟時間為？	1 天 3～4 小時	1 天 1～2 小時	每周 1～2 小時	每周 0.5～1 小時
電鍋平均 1 天使用時間為？	24 小時	8～10 小時	1～2 小時	0.5～1 小時
微波爐使用時間為？	1 天 1～2 小時	1 天 0.5～1 小時	每周 1～2 小時	每周 0.5～1 小時
烤箱使用時間為？	1 天 2～3 小時	1 天 1～2 小時	每周 1～2 小時	每周 0.5～1 小時
電磁爐平均 1 天使用時間為？	3～4 小時	2～3 小時	1～2 小時	0.5～1 小時
合計	個 × 4 =	個 × 3 =	個 ×2 =	個 ×1 =
總分				

3 小幫手用電

第　組	A	B	C	D
除濕機平均1天使用時間為？	24小時	10～12小時	3～4小時	沒有使用
電風扇平均1天開啟時間是？	超過12小時	約9小時	4～6小時	少於3小時
電腦使用習慣為？	無設定	設定螢幕保護模式	設定定時省電模式	設定定時休眠裝置
電腦平均1天開啟時間為？	24小時	12～14小時	5～6小時	3～4小時
手機充電器使用習慣是？	一直插著充電	充電一整個晚上	手機顯示充滿即拔電源	手機顯示沒電再充電
手機充電器平均1天使用時間是？	24小時	10～12小時	2～3小時	1～2小時
浴室排風機使用方式是？	與燈具同一開關，使用完即關閉	與燈具同一開關，使用完抽風一段時間關閉	與燈具獨立開關，燈具關閉繼續排風至地板乾	與燈具獨立開關，燈具關閉仍繼續排風一段時間
浴室排風機平均1天使用時間為？	24小時	14～16小時	5～6小時	3～4小時
合計	個 ×4＝	個 ×3＝	個 ×2＝	個 ×1＝
總分				

4 進階版用電

第4組	A	B	C	D
烘衣機使用習慣是？	衣物洗完即烘	衣服曬過1～2天後即烘	衣物曬乾後再烘	沒有使用
烘衣機每次烘衣量為？	100%全滿	90%滿	70～80%滿	50～60%滿
烘衣機使用方式為？	衣物全濕即烘	乾濕衣服混合烘至全乾	乾濕衣服混合烘，較乾衣服烘完先拿出來	乾濕衣物分開烘
烘衣機平均使用頻率是？	每天1次	每2天1次	每周1次	沒有使用
每次使用烘衣機時間為？	2～3小時	1～2小時	0.5～1小時	沒有使用
電熱水器使用頻率是？	隨時使用	每天3次	每天1次	沒有使用
電熱水器溫度設定為？	設定最大火或最高溫度	設定中火	夏天設定小火，冬天設定中火或大火	夏天設定37～40℃。冬天設定40～45℃
電熱水器平均每次使用時間為？	3～4小時	1～2小時	0.5小時	沒有使用
合計	個 ×4＝	個 ×3＝	個 ×2＝	個 ×1＝
總分				

結果分析

請分別計算上述第❶～❹組的檢測分數，總分最高者代表你最大的用電問題就出現在這些電器的使用上。

建議你先針對該組別的電器，仔細翻閱本書相關內容，了解如何節能使用，相信可以解決大半用電困擾。接著，再慢慢閱讀本書其他章節，省電大作戰就能順利完成囉！部分讀者可能會出現某幾組分數接近的情況，例如第❶組21分，第❷組20分，那代表這兩大組的電器使用方式，你都該調整。

另外，就算❹組分數相當，落差不大，不代表沒有用電問題。實際上，每組總分只要超過20分以上，就意味著你平日用電習慣有待改進，必須好好詳讀本書並積極著手進行修正！

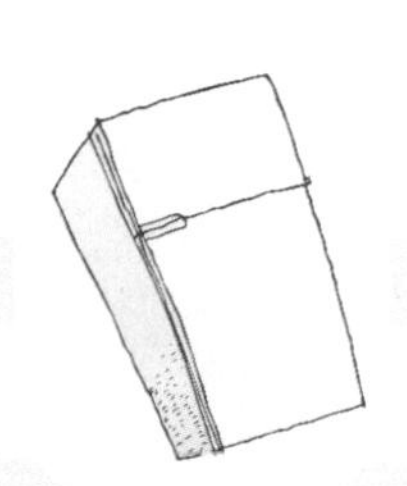

第❶組　基礎版用電

得分最高者→請翻閱本書 p65 ～ 94，找出相對應解決之道

基礎版用電測驗，是針對日常生活中依賴度高的電器，如冷氣、電燈、冰箱、洗衣機等進行使用行為分析。這些電器我們不可能不使用，因此，要學會怎麼用很重要。換個角度說，就因為依賴度很高，所以只要省得巧妙，立刻讓你在帳單上看到成效。

第❷組　隱藏版用電

得分最高者→請翻閱本書 p95 ～ 105，找出相對應解決之道

隱藏版用電測驗，是針對日常生活中頗為常見，但使用時間、頻率略低的小型電器，如吹風機、吸塵器、微波爐、電鍋等進行使用行為分析。這些電器多半體積不大，當人們看到小體積電器，容易以為這類電器「應該」花不了多少錢，千萬別被它小小體積給騙了！這些電器的耗電功率頗高，不注意使用，它們可是會害你花大錢呢！

第❸組　小幫手用電

得分最高者→請翻閱本書 p105 ～ 118，找出相對應解決之道

小幫手用電測驗，是針對那些具有附加價值的電器，如電風扇、除濕機、電腦等進行使用行為分析。這些電器若能物盡其用，是可以幫你省錢、賺健康，也讓生活更便利的好幫手。

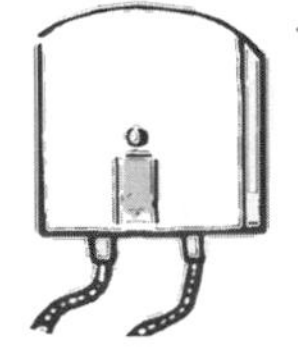

第❹組　進階版用電

得分最高者→請翻閱本書 p119 ～ 124，找出相對應解決之道

進階版用電測驗，是針對真正耗電怪獸，如烘衣機、電熱水器進行使用行為分析。或許這些電器不是家家戶戶都有，但只要它在你家現蹤跡，你就非得小心使用不可，不然後果不堪設想。

Ch3

省錢第1步，看懂帳單才不冤枉

水電瓦斯帳單除了代繳金額一目了然外，
你對其他的數字、名詞好奇過嗎？
想過這些數字暗藏什麼玄機嗎？
其實，每個數字的背後，
都透露著你的使用習慣以及節能省電的關鍵。
想為自己荷包省下一點錢，
第一步就是看懂你的水電瓦斯費帳單！

輕輕鬆鬆破解電費帳單

收到水、電、瓦斯費的帳單時，你會有什麼反應？驚訝的嘆聲：「真貴！」卻只能無奈的乖乖繳費，還是想辦法找出費用增加的原因，看看有沒有再省一點錢的方法？其實，若能破解隱藏在帳單背後的玄機，你就能少花一些冤枉錢，同時還能為地球環保盡份心力！

千萬別小看薄薄的一張電費帳單，它裡頭有許多重要的訊息，像是檢測省電計畫是否有效、揪出漏電問題，同時還能了解電費的來龍去脈、家庭用電習性、診斷節省電費潛力。

基礎篇—確認帳單沒問題

check 1 核對帳單地址

電費記錄的是「某位址」的用電紀錄，而不是「某人」的用電紀錄，所以，拿到帳單首先要核對地址而不是名字，以免名字對了，地址錯了，繳了冤枉錢。

check 2 核對抄表指數

台電靠著電表記錄每家每戶的用電量，原則上，一個地址用戶會有一個電表。帳單上的抄表指數，會記錄「本期指數」與「上期指數」，這指數就是電表裡的用電指數，共有五個數位（想學會看電表，請參考四八頁）。

「上期指數」是上一期抄表員所記錄的數字，「本期指數」指的這一期抄表員記錄的數字。**本期指數減上期指數等於本期用電度數，在帳單中稱作「經常用電度數」**。例如本期用電度數

避免電費超收小撇步

電費暴漲，一定要先核對抄表指數，確認費用是否超收！核對時，要特別注意：

❶ 確認本期用電度數等於本期指數減上期指數。

❷ 確認本期抄表指數和你電表的指數一樣。

當抄表員未能記錄電表數字時，台電會先採用推算方式計價，因此抄表指數可能小於電表指數，但如果抄表指數大於電表指數，可向台電公司反應，如有多收錢可於下一期扣抵。

❸ 拿出前期帳單確認抄表指數正確性。

當期帳單上的「上期指數」應該要與上期帳單上的「本期指數」一樣。

計費期間：103.11.18至104.01.18　本次/下次收費日：104.01.22/104.03.23　輪流停電組別：B　饋線代號：WD22

基本資料

用電種類：　表燈　非營業用

契約：40

❶ 計費度數（度）
經常度數　547

計費內容

流動電費　1326.7元

103年燃料節省成本回饋　-800.0元

應繳總金額　527元

本期同地區同種類平均用電度數549度

比較項目	用電日數	度數	節電量	日平均度數
本期	62	547	0	8.82
去年同期	60	440		7.33
去年下期	60	510		8.50

客服專線：1911　本公司營利事業統一編號：04860092

服務單位：台北南區營業處

服務地址：２２０新北市板橋區四川路一段２８７號

經收人蓋章

註：1. 營業稅已併入各項應收費用內。
2. 請持本單繳費，本聯經代收單位收款蓋章後交繳費人收執作為收據。
3. 本收據各項金額數字係由機器印出，如發現非機器列印或有塗改字跡或無經收人蓋章者，概屬無效。

用電地址：

流動電費計算式：$1326.7=2.10x240+2.68x307

表號：095089006　電表倍數：0001　本次/下次抄表日：104.01.19/104.03.18　表別說明詳背面

表別　01

❸ 上期指數　57938

❷ 本期指數　58485

五五二九二，上期用電度數五四七八二，那麼這一期的用電度數應該就是五一〇。

動手算電費

電費帳單上可看到「計費說明」，讓你知道電費的計算方式。

Step ① 夏月電價比較貴

台灣夏月（六月一日到九月三十日）的電價和其他季節不一樣，會特別貴。

Step ② 電費屬「累進費率」，需要分段計費

一般家庭用電的電費計算，採用累進分段計費制，共分六級，不同區段用電度數採用不同的電價。

以非夏月電費為例，

一個月**用電三〇〇度，電費六六二・四元**

一個月**用電五〇〇度，電費一二九六・〇元**

一個月**用電七〇〇度，電費二一四四・〇元**

注意到了嗎？差距都是二〇〇度，但電費卻不是按比例增加。

表燈非營業用非時間電價表（2015年4月1日起適用

每月用電度數分段（度）	非夏月（10月1日～5月31日） 每度電（元）	夏月（6月1日～9月30日） 每度電（元）
120以下	1.89	1.89
121～330	2.42	2.73
331～500	3.3	4.00
501～700	4.24	5.15
700～1000	4.90	5.99
1000以上	5.28	6.71

• 欲確認每年最新電價，可上台電網站查詢
http://www.taipower.com.tw/content/q_service/q_service02.aspx?PType=1

節能專家教你這樣省

家庭用電屬非營業用電，24小時價格都一樣！

帳單上有個「用電種類：表燈非營業用非時間電價」的訊息，這代表家裡的電價是採非營業用電價（營業用電價請參考一四七至一四八頁）。**非時間電價採單一價格，二十四小時都一樣**，並沒有用電離峰（半夜）便宜、高峰（白天）昂貴的差異。

另外，家庭用戶的確也可以申請分尖峰離峰不同的電價收費方式，不過只有在❶用電大戶，❷能完全將用電集中於離峰優惠時段這兩個前提下，才可能較划算。更詳細的計算比較，請參考一五〇頁。

Step ③ 算算看

家庭電費是兩個月收一次，所以上述的度數在計算時都要變成兩倍，意即兩個月用電度中，有二四〇度的費用是一．八九元（非夏月），以此類推！

以國人經常用電度數五一〇度為例（非夏月），該期電費計算公式如下：

$$240 \times 1.89 + (510 - 240) \times 2.42 = 1107\text{（元）}$$

四捨五入之後電費就是**一一〇七元（在帳單中稱作「流動電費」）**，沒有公共分擔費用的人，該金額即為應繳總金額，若有公共分擔費用，則需再加上此費用（請參考五二頁）。

進階篇—確認用電OK

當你確認帳單上的訊息皆沒問題，但還是不明白為什麼電費會暴增，那麼就得透過以下幾步驟來找出答案。

check 1 檢查電表，確認指數沒抄錯

抄表人員抄錯電表的新聞時有所聞，**不妨留意帳單的「下次抄表日」，在同一天記下電表數字，當你收到帳單後，就能知道抄表指數有沒有問題了。**目前常見電表有兩種：

A指針型電表

指針型電表較常見，這類電表有五個指標，但要怎麼看呢？

◎讀表順序**左至右**。

◎每個圈圈內都有數字〇至九，讀表時看其指針所指的位置並**取小值**。例如，介於一至二取一，介於六至七取六。

◎以下圖為例，正確讀值為一五四七五度電。

指針型電表

B數字型電表

數字型電表讀法原則和指針型電表一樣，不過讀起來更簡單！

◎讀表順序**左至右**。

◎電表顯示數位就是讀數，若顯示介於兩個數位之間，一樣取較小者。

◎以下圖為例，正確讀值為四七八五一度電。

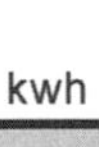

數字型電表

check 2 看電表找出是否漏電

當你確認抄表記錄沒問題，使用電器狀況也正常，但電費卻還是節節攀升，那麼可能就要懷疑是家裡漏電啦！

造成漏電的原因眾多，想要確認漏電，請按照下列步驟進行：

Step ①關閉家中所有電器產品，並拔掉所有插頭。

Step ②觀察電表，若發現轉盤繼續轉動（或數字在跑）就代表有漏電現象。

check 3 看電表調整用電行為

排除抄表指數錯誤、漏電異常等問題後，如果電費還是暴漲，那最大的問題應該是你的用電習慣不佳，才會導致電費高漲。這時，你應該好好利用本書擬定省電作戰計畫。擬定用電計畫不難，請依循下列兩大步驟進行即可：

Step ①記錄電表

運用下方的電表記錄單，記錄主要開啟哪些電器、開啟多久時間、分別是多少功率，

用電記錄單

記錄時間：104 年 6 月 第 1 個星期 電表記錄 15423 度

星期	主要開啟電器及功率（瓦）	開啟數量（台）	開啟時間（小時）	電表記錄（度）	當日使用度數（度）	備註
一	變頻一對四冷氣機 30240 仟卡 / 時 (3.1 ～ 10.3kW)	3	4	15433	10	· 冰箱 4 分滿 · 洗衣機 5 分滿
	變頻電冰箱 472 公升 (130 瓦)	1	24			
	變頻洗衣機 15 公斤 (洗衣 440 瓦、脫水 180 瓦)	1	1			
	烘衣機 1000 瓦	1	0.5			
	桌上電腦 200 瓦	2	2			
二	變頻一對四冷氣機 30240 仟卡 / 時 (3.1 ～ 10.3kW)	3	6	15448	15	· 冰箱 8 分滿 · 洗衣機 4 分滿
	變頻電冰箱 472 公升 (130 瓦)	1	24			
	變頻洗衣機 15 公斤 (洗衣 440 瓦、脫水 180 瓦)	1	1			
	烘衣機 1000 瓦	1	1			
	桌上電腦 200 瓦	3	2			
三						
四						
五						
六						
日						

來檢視自己的用電習慣。

Step ②從用電記錄檢討並調整用電行為

生活形態變動較大的人，可以「天」為單位，而生活模式固定的人，因為用電變動不大，不妨以「周」為單位。以一周電表為例，分別比較星期一與星期二，可知是「冷氣機使用時間增加二小時、冰箱食物裝置由四分滿增加為八分滿、烘衣機使用時間增加〇．五小時、桌上電腦總使用時間增加二小時」。而上述用電行為共增加了五度電。若這些都不是必要用電的話，那麼就應該調整用電行為。你可以翻閱第四章，找出合適方法。

另外，若看一周記錄，還可發現每天都會洗衣，但洗衣機最多五分滿，這時候，便可調整洗衣機使用期間為三至四天洗一次，這麼一來，馬上省下一至二次洗衣機用電量。

精進篇—設定省電目標

省電就像減肥一樣，設定目標會讓你更有動力及挑戰，若能達標成就感也會大幅提升。依照我的輔導經驗，一般家庭只要願意調整電器使用習慣，同時更換較高效率的家電，通常可以節電達二〇至

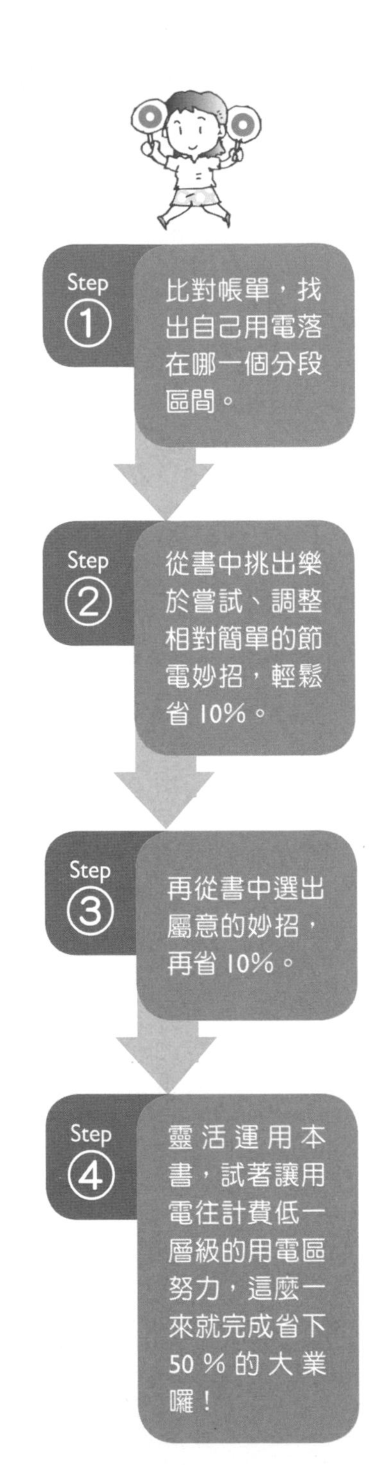

五〇%。

因此建議讀者不妨先以「節省二〇%」為目標，先從本身可接受的使用習慣調整起；再慢慢執行本書所提到的節電手法或更換節電產品。不過，我還是要不厭其煩的再提醒一次：千萬不要為了省錢而影響生活品質，否則就失去輕鬆省的意義了。

例如，夏天電費帳單五〇〇〇元，用電度分段區間為一〇〇一至一四〇〇度，並且靠近一四〇〇度，這時每度電最高收五．一五元。若能慢慢將用電度降至一〇〇〇度，那麼每度電的計費就可以降到四元以下了。這麼一來，你的電費將從五〇〇〇多一路降至二九六〇多，現省二〇四〇元，輕鬆達到省下四〇．八%的目標。如果再努力一點，讓用電度朝向該區段最低六六一度，電費將大幅下降至一六〇〇元，每期帳單省三四〇〇元，成功省電六八%，每期省下三〇〇〇多元，將不再只是夢想囉！

表燈用電非時間電費計價表（2015 年 4 月 1 日起適用）

二個月用電度數分段（度）	非夏月（10 月 1 日～5 月 31 日）			夏月（6 月 1 日～9 月 30 日）		
	每度電（元）	電價區間	平均每度電費	每度電（元）	電價區間	平均每度電費
240 以下	1.89	168 ～ 454	1.89	1.89	168 ～ 454	1.89
241 ～ 660	2.42	456 ～ 1470	1.90 ～ 2.23	2.73	456 ～ 1600	1.90 ～ 2.42
661 ～ 1000	3.3	1473 ～ 2592	2.24 ～ 2.59	4.00	1604 ～ 2960	2.43 ～ 2.96
1001 ～ 1400	4.24	2596 ～ 4288	2.60 ～ 3.06	5.15	2965 ～ 5020	2.97 ～ 3.59
1401 ～ 2000	4.90	4293 ～ 7228	3.07 ～ 3.61	5.99	5026 ～ 8614	3.60 ～ 4.31
2001 以上	5.28	7233 以上	3.62 以上	6.71	8621 以上	4.32 以上

看懂電費帳單的其他訊息

電費帳單上還有一些訊息可以幫助我們省錢，最好也多留心。

- **底度：**電費有最低消費額度一個月二〇度，二個月四〇度。兩個月用電度低於四〇，或是沒用電，都要支付四〇度電的費用八十四元喔！
- **繳費期限：**沒有在繳費期限內繳費，可是要被扣錢的，逾十四天內加計三％，十四天以上加計五％。
- **去年同期用電度、省電比例：**省電妙招是否奏效，可以從去年同期用電度與省電比例來看。
- **分攤公共用電：**大樓、公寓社區住戶才會有的收費。公共用電過高通常有以下三個原因：❶用電契約容量設定不恰當，大樓公共用電都會向台電申請「用電契約容量」（請參考一五二頁），若契約容量設定過高，會害住戶用不到這麼多電，卻要繳高額電費。❷大樓用電量太多，❸惡鄰鑽法律漏洞，向台電申請不分攤公共電費，使得平均分攤戶數減少，負擔電費自然增加。關於❶可請管委會改變契約容量；❷請管委會針對公共用電區進行檢測，並擬定《住戶生活公約》，約束大樓住戶們合理使用公共區用電；❸要請管委會循法律途徑，依法向惡鄰們請求分攤費用！

輕輕鬆鬆破解水費帳單

在台灣，按居住地區不同，有人會收到「台北自來水」水費帳單，有人則會收到「台灣自來水」帳單。不論你家屬於何者供水單位，省水方式並無二致。

check 1 核對帳單地址、抄表指數

和電費一樣，水費記錄的是「某位址」的用水紀錄，所以，拿到帳單首先要核對位址，以免幫別人繳水費。

另外，想要確認抄表指數是否正確，也可同電表方式，自行抄下水表上的指數（一般大樓多安裝在頂樓），並對照帳單上的「本期指針數」（請參考下圖）。有任何問題，都可依循帳單上資訊，向所屬單位洽詢。

項目	內容	項目	金額
用水種別	普通用水	◎水費項目小計金額	$79元
工作區	0351	基本費	68.00元
水表口徑	20	用水費	7.00元
本期繳費起始日	104/06/01	營業稅	4.00元
下期繳費起始日	104/08/01		
本期抄表日期	104/04/27		
下期抄表日期	104/06/26		
❶ 本期指針數	21		
上期指針數	20		
註記			
期別	2.0		
用戶統一編號	12344162		
用水度數	1		
分攤／副表度數	0		
公共用水分攤戶數	68		
本期實用度數	1		
上期實用度數	1		
本期總表指針數	42588		
上期總表指針數	38217	◎代徵費用小計金額	$0元

動手算水費

Step ①水費計費屬於「累進費率」，需要分段計費

不論是台北或台灣自來水，一般家庭用水的費用計算，和電費一樣採用累進分段計費制，不同區段用水度數採用不同的水價，換言之，用水量越高，必須繳越多的費用，反之用水越省，則水價越低。

Step ②看實用度數算用水費

計算水費，兩大自來水公司都有所謂的懶人算式，可以讓你輕鬆計算：

用水費＝每度單位 × 實用水量－累進差額

例如：

以台北自來水用水費三〇度計算

30×5.2－4＝152

台灣自來水用水費三〇度計算

30×9.45－42＝241.5

Step ③把所有項目加總即為水費總額

水費帳單除了用水費用外，還含了其他林林總總項目，所有費用加總起來就是水費的總額囉！

台北自來水水費總額＝ 基本費＋用水費＋水源保育與回饋費＋代徵下水道費 台灣自來水水費總額＝ 基本費＋用水費＋水源保育與回饋費＋清除處理費

節能小知識

1度水有多少？

1度水＝1公噸＝1000公升。若帳單上的實用度數為30度，代表你一共用了3萬公升的水。

check 3

做記錄訂定省水計畫

想要讓自家用水更省，除了確認帳單正確性外，也要付出實際行動，才能達到省水目標。我建議大家可以參考左頁圖分階段進行：

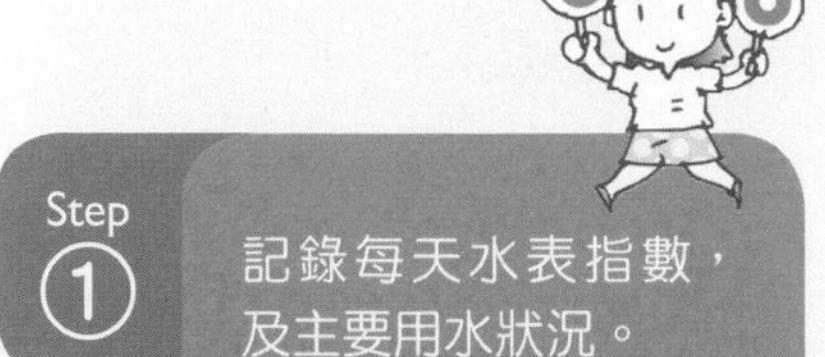

Step ①
記錄每天水表指數，及主要用水狀況。

Step ②
分析比較記錄表中的不同，找出用水量較大的部分。

Step ③
若分析比較後發現，洗衣後用水量增加非常多，那麼就從書中的洗衣省水妙招下手，看看省水效果。

Step ④
若希望省下更多的水，再分別調整其他用水，如縮短洗澡時間。

Step ⑤
最後經過多次反覆試驗，找出自己感到舒適又能確實省水的方案。

台北自來水用水費計費表

用水度數分段（度）	每度費用（元）	累進差額（元）
1 ～ 20	5.00	—
21 ～ 60	5.20	4.00
61 ～ 200	5.70	34.00
201 ～ 1000	6.50	194.00
1001 以上	7.60	1294.00

欲確認每年最新水價，可上台北自來水網站查詢 http://www.twd.gov.tw/ct.asp?xItem=1143979&ctNode=47806&mp=114001

台灣自來水用水費計費表

用水度數分段（度）	每度費用（元）	累進差額（元）
1 ～ 20	7.35	—
21 ～ 60	9.45	42.00
61 ～ 100	11.55	168.00
101 以上	12.075	220.50

欲確認每年最新水價，可上台灣自來水網站查詢 http://www.water.gov.tw/04service/ser_c_main.asp

節能小知識

這樣看水表

水表雖然看起來有點複雜，但只要把握以下原則，判讀一點都不難。

①直接看上方數位指示器中的數位即可。

②**從左至右**判讀數據。

③以右圖為例，正確讀值為 1998。

用水記錄單

記錄時間：<u>103</u> 年 <u>6</u> 月　第 <u>1</u> 個星期　水表記錄 <u>799</u> 度						
星期	主要開啟水龍頭及蓮蓬頭（個）	開啟數量（台）	開啟時間（小時）	水表記錄（度）	當日使用度數（度）	備註
一	洗衣機水龍頭	1	1	800	1	・淋浴 2 小時
	廚房洗水槽	1	—			
	浴室馬桶	2	—			
	浴室蓮蓬頭	2	2			
二	洗衣機水龍頭	1	2	802	2	・淋浴 3 小時
	廚房洗水槽	1	—			
	浴室馬桶	2	—			
	浴室蓮蓬頭	2	3			
三						
四						
五						
六						
日						

看懂水費帳單上的訊息

水費帳單上的訊息，會依供水機構隸屬單位不同而有差異，有些訊息與省錢有關，也務必留心。

- **基本費：**水費有最低消費額度，不論是否有用水都需要繳，但不是每家每戶都一樣，這和裝設的水表大小有關，水表口徑不同，費用就不同。關於這一點我們無法改變，接受就是了。
- **代徵下水道費：**台北自來水帳單上會出現的項目，就是污水處理費用。當水費帳單上出現這筆項目，代表你家已經完成污水下水道用戶接管。目前只有台北自來水用戶徵收。一般用戶每一度水額外徵收五元，換句話說，降低用水費，就能降低代徵下水道費！
- **清除處理費：**台灣自來水帳單上會出現的項目，就是垃圾處理費。基本概念是水用越多，家庭所製造的垃圾也就越多，因此垃圾處理費是和水費成正比。換句話說，降低用水費，就能降低清除處理費！
- **水源保育與回饋費：**只要你家的水來自自然水源保護區，就要被徵收這筆費用。台北自來水一般用戶每一度水額外徵收一元，台灣自來水一般用戶每一度水額外徵收〇・五元。只要降低用水費，就能降低水源保育與回饋費！

只要降低用水費，就能降低垃圾處理費哦！

輕輕鬆鬆破解瓦斯費帳單

相對於水、電費帳單，要看懂瓦斯費帳單相對容易多了。雖然每家瓦斯公司帳單的長相不同，但組成架構大同小異，只要把握幾個大原則就可以。

check 1 核對帳單地址、抄表指數

瓦斯費記錄的是「某位址」的用瓦斯紀錄，所以，拿到帳單首先要核對位址。

瓦斯表若裝在戶外，通常瓦斯公司的抄表人員會直接查看度數，倘若瓦斯表裝在戶內（常見於都會區大樓），皆由住戶自行填寫（請參考左頁圖）。有任何問題，可依循帳單上資訊，向瓦斯公司洽詢。

check 2 計算瓦斯費

瓦斯費演算法很簡單，兩個步驟就可搞定。

Step ①算出天然氣費

如本次計費度為二一度，氣體單價為二二．〇八元：

本次計費度 × 氣體單價 = 天然氣費

天然氣費 = 21×22.08 = 464

Step ②再加上基本費用就可算出總金額

如基本費為一二〇元，天然氣費為四六四元：

天然氣費＋基本費＋調價差額＝應繳總金額

應繳總金額 = 464 + 120 + 3 = 587

節能小知識

桶裝瓦斯計費標準

若家中使用的是桶裝瓦斯，則以桶為計價單位。目前全台 16 公斤桶裝價格約為 765 ～ 925 元之間，20 公斤桶裝價格約莫 880 ～ 1040 元之間。

1 度天然氣等於多少桶裝瓦斯？

實際上要計算 1 度瓦斯等於幾公斤的液態瓦斯，牽涉到管內靜壓，家用和營業用不一樣。就一般家庭而言，1 度天然氣約莫等於 3 公斤桶裝瓦斯。

大台北區瓦斯股份有限公司　收據聯

www.taipeigas.com.tw　公司統一編號：11072304

收據號碼：709971	基本費：120	本期累計度：163S	收費年月：104月05月
電腦編號：M224540	從量費：207	上期累計度：150S	開始繳費日：104/05/19
用戶號碼：406-00352-0	調整價差：0	追(退)度數：0	下期繳費日：104/07/17
用戶名稱：	追(退)金額：0	本期計費度：13	上期計費日：104/03/09
	銷售額：311	去年同期計費度：10	本期計費日：104/05/07
買受人統一編號：00969556	前期未繳金額：0	燈別：4	下期計費日：104/07/07
瓦斯費營業稅：16	違約金：0	表號：041763	
前期瓦斯費營業稅：XXXX	工料費：0	單價：15.96	
工料費營業稅：XXXX	收據金額：327		蓋章處
違約金營業稅：XXXX	應繳總金額：327		
瓦斯裝置地址：			

須加蓋收款單位收費章始爲正式收據

本公司地址：台北市光復北路11巷35號一樓　服務電話：27684999分機609　：防詐騙電話：27691212

check 3

做記錄訂定省瓦斯計畫

想要達到省瓦斯的目標，建議大家可利用瓦斯表，記錄下用瓦斯的情況，並分階段進行：

Step ① 記錄每天瓦斯表指數，及主要用瓦斯狀況。

Step ② 分析記錄表中的不同，找出用瓦斯量較大的部分。

Step ③ 若發現每次只要洗澡時間拉長，瓦斯用量就增加非常多，那麼，就從書中省瓦斯妙招中找出與洗澡相關者，並實際試試看。

Step ④ 若希望省下更多的瓦斯，再分別調整其他項目，如縮短洗澡時間並改變烹調方式。

Step ⑤ 經過多次反覆嘗試，找出最適合自己的省瓦斯方案。

用瓦斯記錄單

記錄時間：**103** 年 **6** 月　第 **1** 個星期　水表記錄 **1159** 度						
星期	主要開啟水龍頭及蓮蓬頭（個）	開啟數量（台）	開啟時間（小時）	水表記錄（度）	當日使用度數（度）	備註
一	瓦斯爐	1	1	1160	1	・淋浴 2 小時，出水溫度 45 度
	天然瓦斯恆溫型熱水器 (12 公升)	1	2			
二	瓦斯爐	1	2	1162	2	・淋浴 3 小時，出水溫度 45 度
	天然瓦斯恆溫型熱水器 (12 公升)	1	3			
三						
四						
五						
六						
日						

節能小知識

這樣看瓦斯表

若你住在都會區大樓，對瓦斯表應該不陌生。瓦斯表的判讀很簡單：

①直接看上方數位指示器中的數位即可。

②**從左至右看前面 4 個數字**，後面 3 碼為小數不計。

③以右圖為例，正確讀值為 1068。

瓦斯表

你的水電瓦斯費用被坑了嗎？

很多人都有在外頭租屋的經驗，提醒大家一定要留心水電瓦斯陷阱，以免被惡房東多收錢，就冤枉了。

①制定契約時，明定每度水電瓦斯費價格，日後才能避免爭議。部分瓦斯按比例收費、水費採固定費，也該白紙黑字寫清楚。

②租屋契約中最好載明，若對帳單有疑問，房東必須公布實際使用度數並提供計價方式。

③裝有獨立電表要特別注意電表上是否有鉛封，一定要是台電的才行，不能是私裝的電表。

Mr.黃小叮嚀

瓦斯外洩，怎麼確認？

瓦斯漏氣除了浪費錢，更有安全威脅！該如何確認家中瓦斯安全無慮呢？提供兩個檢測法。

❶觀察瓦斯表，在沒有使用瓦斯的情況下，若發現瓦斯表數字跑動，代表瓦斯漏氣了。

❷聞氣味，瓦斯外洩時你會聞到一陣陣榴槤味。特別提醒，廚房瓦斯爐的接管若是塑膠軟管，較易出現縫隙，建議換成鐵管。

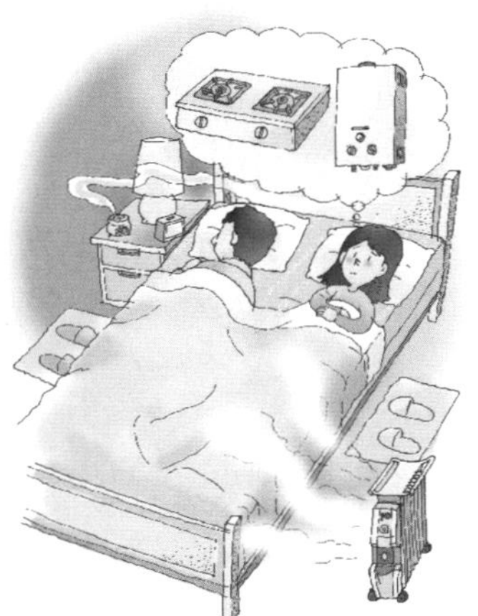

定期檢查瓦斯管路，保障生命及居家安全。

Ch4

省錢第2步，揪出生活中的吃電怪獸

現代人的生活越來越依賴各種電器用品，人與人的溝通要靠電話、電腦；家事仰賴洗衣機、電鍋、熱水瓶、微波爐、烤箱；舒適則靠電扇、冷氣機、除濕機、電燈等支援，而電視、音響、電腦更是娛樂休閒不可或缺的夥伴。雖然這些電器品滿足了我們生活需求，但使用者卻也必須相對付出一些代價，除了購入、維修金額外，我們付出最多的，應該就是使用的「電費」。因此想要從生活上減少電費的產生，第一步就是了解你所用的電器有多耗電。

算出電器的耗電（燒錢）能力

電費和電器的耗電能力有關，而電器耗電能力的關鍵字就是「消耗功率」，消耗功率以瓦（W）為單位，例如：額定消耗功率一〇〇〇瓦。

討論電費時，我們常把「幾度電」掛嘴邊，但很少人知道，家中使用的電器到底會消耗幾度電，折合成多少電費。

實際上，**一度電（＝ 1kWH ＝ 1 瓩），指的是一台功率一〇〇〇瓦（W）的電器，使用一個小時所消耗的電量。**比方功率一〇〇〇瓦（W）的電鍋，使用一個小時消耗一度電；功率一〇〇瓦（W）的電燈，使用一個小時消耗〇．一度電。

因此，想要知道某個家電會消耗多少電，折合多少電費，只要套用以下兩個公式，即可輕鬆算出：

消耗電量（度）＝
額定消耗功率（W）×使用時間（hr）÷1000
電費（元）＝消耗電量（度）×電價（元）

例如，額定功率五五〇瓦（W），使用十二個小時，一度電五元，則：

消耗電量＝550×12÷1000→6.6度
電費＝6.6×5→33元

學會如何計算電器所消耗的電費後，接下來，就一起找出生活中的「吃電怪獸」，真正落實省電省錢生活吧！

我們生活中的電器有大中小型，但電器的耗電量和大小無關，和需求度、使用時間、屬性有關係，為了方便讀者掌握省電原則，我將生活常用電器分成四大類：❶超級吃電怪獸、❷隱藏版吃電怪獸、❸能省就省小幫手、❹特別版吃電怪獸。

電器篇

哪種家電最耗電？

台灣20大家用電器排行榜

❶超級吃電怪獸

第(1)名　冷氣

根據台電與個人輔導經驗結果發現，**夏天消耗電力最多，造成超高電費的罪魁禍首就是冷氣，約有三分之一至二分之一的電費都和它有關。**平均來說，一般四口家庭的冷氣使用時間從晚上七、八點至隔天早上六、七點，長達十到十二小時，導致七、八月的電費帳單經常得付六〇〇〇至九〇〇〇元，其中約有二〇〇〇至四五〇〇元都是冷氣的關係。

冷氣到底有多耗電呢？四到六坪房間的冷氣，每天

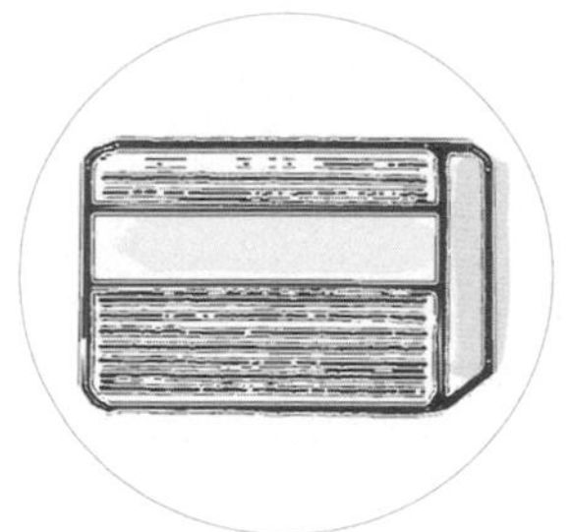

使用五個小時，連續使用三十天，耗電約一三五度，若一度電用五元來算，就需要六七五元。因此想要節電，第一個要對付的就是冷氣。但節省冷氣費，並不一定要犧牲生活品質，試試以下小技巧，你將發現，省冷氣費，一樣可以舒適過日子。

冷氣省電妙招❶

別再相信買大一點噸數的說法，同時也要考量冷氣能源效率值（EER）與級數

買冷氣的時候，走趟大賣場，你一定會聽到業務說：「冷氣買大一點不但冷得比較快，還比較省電」；或是在賣場上看到「貼心」的標示：「該機種適用於N坪至N坪」。不過，想要省錢，可不能讓這些人或訊息牽著鼻子走。

冷氣的工作就是帶走室內的熱量，而室內的熱

量是固定的，大噸數的冷氣雖然降溫快，但消耗電功率比較高，省電的說法有待商榷。冷氣大小該怎麼判斷呢？我建議可以考慮以下原則：

冷氣大小（冷凍噸）：坪數＝1：6

倘若使用空間為十二坪，挑選二冷凍噸的最理想，若遇到不能整除時，請挑選低一級的冷凍噸，打個比方來說，若冷氣使用空間為十五坪，還是以二冷凍噸為宜。

不過，「一比六」原則是一般狀況，若是**頂樓或西曬嚴重的房間，冷氣挑選就該調整成「一比四」或「一比五」**。換句話說，一樣十二坪空間，頂樓或西曬的房間就建議裝三冷凍噸大小的冷氣。當然，如果室內能配合裝置九〇％以上隔熱效率的窗簾，或者頂樓鋪設高隔熱效率的隔熱磚，環境就能更舒適。

不過，也千萬別為了省錢而選擇小噸數的冷氣，否則，為了讓室溫降到額定溫度，冷氣機運轉不停

節能小知識

RT、BTU、kcal／hr、kW 你分得清楚嗎？

對很多第一次買冷氣的人來說，RT、BTU、kcal／hr、kW 就像火星文一樣難懂。實際上，這些都是熱量單位，是冷氣冷房能力的標示，代表 1 小時內可以從室內移走的最大熱量。

其中冷凍噸（RT）、仟卡／時（kcal／hr）、瓩（kW）為公制單位，而英熱單位（BTU）為英制單位。買冷氣時只要記得以下換算公式就不會越挑越迷糊了。

1 冷凍噸（RT）＝ 3024kcal／hr ＝ 12000BTU ＝ 3.517kW

將會更耗電傷錢！

除了選擇適當的冷凍噸外，建議大家更應該注意ＥＥＲ。ＥＥＲ代表冷氣能源效率值，意味著該冷氣機種每使用一瓦（Ｗ）電所能發揮的冷凍能力，換句話說，數值越高，冷氣的效率越好、越省電。根據分析，ＥＥＲ每提高〇．一，就可以節省四％的用電，厲害吧！

除了選擇ＥＥＲ高的冷氣之外，大家最好也一併參考等級標示。目前的等級標示共分為五級，**級數越低用電越省**，一比三省電，三又比五省電。根據統計，一樣六坪空間常用冷氣，級數一比級數五的機型一年可省四七〇度電，約莫二三五〇元！（能源標示圖請參考一八二頁）

冷氣省電妙招❷

變頻冷氣不一定最省

市面上冷氣機型相當多，到底那一款最省錢呢？根據媒體主流說法，似乎變頻冷氣比定頻冷氣還要省。不過，網路上卻也有專家高舉反對牌，認為冷氣是季節性產品，並提出各種相關數據，告訴大家買變頻冷氣起碼要五至六年才可能回本，並不見得省。

公說公有理、婆說婆有理，到底消費者該怎麼選呢？**其實，冷氣是看人吹的，「需求」才是挑選冷氣的最大原則**。

定頻冷氣與直流變頻冷氣的差別在於壓縮機不同。壓縮機如同冷氣的心臟，只不過這顆心臟是靠馬達提供動力才會跳動。傳統定頻冷氣的心臟，只有運轉和停止兩種模式，且運轉時只能維持固定速度，不能加速也不能減速。換句話說，當我們開啟定頻冷氣後，壓縮機與馬達便埋首工作，直到室內溫度降至我們所設定的數字，才會進入停止運轉狀態，這時冷氣機只會送風，當室內溫度再度慢慢上升，冷氣感溫裝置感測到室內溫度高於設定值時，壓縮機才會再次啟動，吸收室內熱氣。這就是為什麼使用定頻冷氣時，總是要花比較久時間才會覺得冷，且還會忽冷忽熱的原因了。

變頻冷氣因為有「頻率轉換器」技術，因此能提供不同電源頻率給壓縮機，使得壓縮機運轉速度非常靈活，冷氣的輸出也可以隨著室溫調整。意即開啟變頻冷氣後，壓縮機可以加快轉速，迅速讓室內降溫，當室內溫度與設定值溫差距離逐漸拉近時，壓縮機不會停止運轉，而是以較慢的轉速運轉，如此不僅能維持室內恆溫，也避免了壓縮機反覆啟動的問題。

一般說來，在條件相同下，一天使用八小時，直流變頻冷氣可省二〇至三〇％的電力。**如果你對冷氣溫度穩定度要求較高，不喜歡忽冷忽熱，一回到家第一件事就是開冷氣，一路吹到隔天睜開眼那一刻的人，最好選擇直流變頻冷氣。反之，如果你對冷氣需求不大，即使酷暑也不常開冷氣，可以光靠電風扇安然度過，或者開冷氣的時間不長，通常室內降溫後，就關閉冷氣，留電扇獨撐大局，那麼定頻冷氣就足以應付你的需求，**沒有必要將家中的定頻冷氣除役！

一般冷氣運作情形

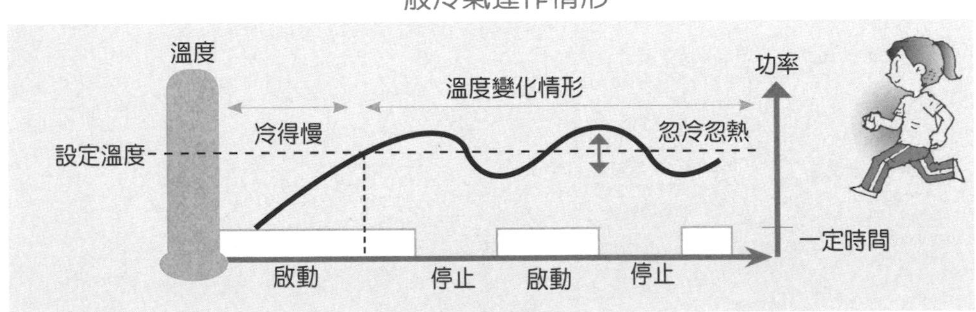

變頻冷氣運作情形

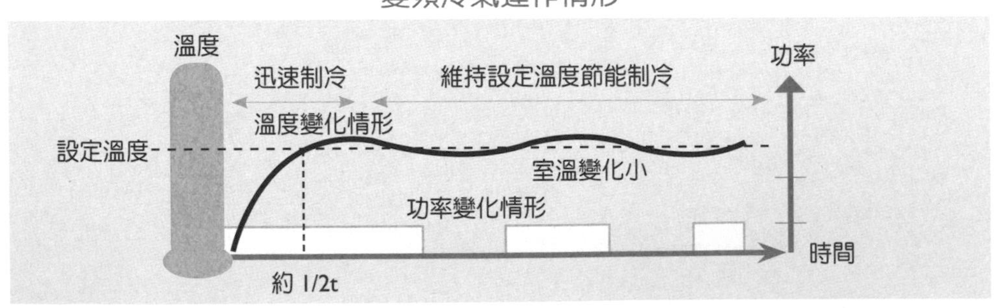

挑變頻要看額定能力，而不是最大冷能

挑選變頻冷氣時，你會看到：「額定能力二．八kW、最小輸出一．一kW、最大輸出三．三kW」諸如此類的產品訊息，提醒大家，應該以「額定能力」為選擇依據才對喔！

所謂額定能力指的是冷氣平均能力值。變頻冷氣的特性是設定溫度和室內溫度相差較大時，輸出功率會瞬間提高，超頻輸出以快速降溫，這是「最大冷能」，但超頻運轉不會長時間持續，如果用最大冷能來挑選冷氣，會造成壓縮機一直用最大能力運轉，但依舊無法應付房間坪數，導致耗電結果。

冷氣省電妙招❸

超齡冷氣千萬別加減用

冷氣常見的耗電原因，除了你買錯、用錯外，也有可能是冷氣本身的問題。雖然節儉是美德，但如果放在冷氣上，固然省了汰舊換新的費用，最後恐怕得付出超高額電費單的代價。

電器和人一樣都會老化，超齡冷氣效率差，即便努力運轉，溫度下降也有限，發揮不了應有的降溫效果，徒然耗電而已。根據調查，超齡家電的耗電量比節能家電高出二．五倍，若不想花冤枉錢，超齡冷氣最好快換掉。

冷氣的壽命一般約為五到十年，但保養、使用方法等因素都會影響其使用年限。若家中冷氣已使用超過十年，或總是轟轟作響，怎麼吹也吹不冷，外加一直滴水，就代表是該淘汰的時候了。

冷氣省電妙招❹

冷氣溫度平時設26至28℃，睡覺啟動舒眠模式

在日頭赤炎炎的酷夏，冷氣無疑是救贖！手握遙控器，心中浮現ＯＳ：「好熱！我要瞬間涼爽！」於是，冷氣溫度設定無限下修，一路從三〇℃調到二〇℃！如果以上正是你的寫照，那麼請快快改掉這壞習慣。一來若家中為定頻冷氣，壓縮機運轉速度固定，就算調二〇℃，也不會快冷：若為變頻冷氣，啟動時它本來就會超頻輸出，達到快冷的目的，這舉動無非多此一舉。另外，你知道嗎？其實二六至二八℃是人體感到最舒適的溫度，低於二六℃人會漸漸感到寒冷，調到二〇℃再穿著外套吹冷氣？小心你可能得付出高額的代價。

根據統計，**冷氣每降低一℃，一天下來就要多用六％的電**。如果將冷氣溫度設定在二六至二八℃，不但已經足夠涼爽，也不會耗費多餘電力，這才是真正冷氣聰明吹的作法。以平均值來計算，吹冷氣時調高一℃，一年就可省下二四七元，相當划算！

實際上，就算不談省電，就健康而論，室內外溫差也建議不要超過五℃，以免進出冷氣房時，造成身體不適，換來各種冷氣病。

最後要提醒冷氣重度依賴者，吹冷氣一定有電費產生，若希望能稍稍減少支出，那麼夜晚睡覺時請務必使用睡眠設定。人體在睡眠時會降低新陳代謝率，發汗量也少，加上入夜後氣溫也會下降，冷氣溫度理應要跟著調高，才會比較舒適。睡前按下舒眠鍵，入睡後冷氣會逐步上升，但溫度上升二度後就不會再往上加溫，若入睡前設定二六℃，按下睡眠設定後溫度最多只上升至二八℃，還是能一覺到天明。

冷氣省電妙招❺

冷氣搭配電扇，效果絕佳

吹冷氣的時候，如果想要加速降溫效果，可以多利用電風扇。雖然電扇本身並沒有改變溫度的功能，但它仍有以下幾項優點：❶增加空氣對流，加強循環效果，讓熱空氣快速上升被冷氣熱交換，並促使冷空氣均勻分布，加速降溫效率。❷人體會製造約一〇〇瓦（W）的多餘熱量，在皮膚周遭形成一層熱屏障，在冷天時能避免寒氣入侵，但夏天時熱屏障反而礙事，讓人不舒服。電風扇可以吹散這層熱屏障，讓我們產生涼快感。雖然，電風扇也需要電，但它的功率不過才五〇至七〇瓦（W），比起冷氣動輒破千的功率，還是省很大。

不過，風扇的擺放位置要搭配風向，**最理想的位置就是把電扇擺在受風處，借助風扇將冷空氣吹送到更遠處，如此可增加循環提升降溫效果**。另外，擺動效果比固定來得好。特別提醒，風力強度別設定太強，以免吹久了不舒服。

Tip

選冷暖兩用冷氣機，一機兩用較省電？

現在有不少冷暖兩用的冷氣機，如果確認冬天有使用暖氣的需求，的確可以考慮。根據個人經驗，電暖器使用限制較多，危險性也較高，另外使用時會讓空氣較乾燥、不舒服，冷暖氣則能克服上述諸多疑慮。

吹冷氣時，將電風扇擺在冷氣受風處，能獲得最好的降溫效果。

節能小知識

冷氣耗電原因還有……

❶室外機擺放環境

除了非常老舊的窗型機種，目前常見冷氣都會分室外機與室內機。室外機負責散熱，彼此太接近、周圍被高牆或者物品擋住、太陽直接照射等狀況都會影響排氣，導致熱交換能力變差，相對也比較耗電。建議同一範圍內的室內機要維持適當距離，太陽直射處要加裝遮陽棚，舉凡會阻礙散熱的物品都該排除。

❷房間隔熱沒做好

花點心思打造舒適環境，也能幫忙室內降溫。例如安裝遮光度 90%以上的隔熱窗簾，能避免室內溫度在陽光照射下節節攀升。若沒有多餘預算也無所謂，只要記得吹冷氣時將窗簾拉上，多少都會有降溫效果。

❸濾網沒有定期清洗

過濾網能攔截空氣中的塵埃、髒物等，但當這些不速之客大量囤積塞住濾網時，冷氣機就必須耗費更大的氣力才能讓室內變冷，相對耗電。定期清洗過濾網，可以省下 2 ～ 3%的用電，以平均值來計算，1 年可省下 408 元。建議夏季開始前，先清洗 1 次濾網，頻繁開冷氣時，最好每 2 ～ 3 周清洗 1 次。

良好冷氣使用習慣還有……

❶提早半小時關冷氣

根據計算，少吹半小時，1 年約可省下 514 元，不無小補。

❷先開窗通風後再開冷氣

吹冷氣前先開窗通風，讓室內溫度、濕度降低，冷氣負擔會更小。例如西曬的房間經過一整個下午陽光荼毒，室內溫度高達 35℃，若能先開窗通風讓溫度降至室外相同 32℃再派冷氣上場，立刻省下了降 3℃的用電費用！

冷氣省電妙招❻

留住冷氣，才不會花冤枉錢

「奇怪，冷氣明明一直送出來，怎麼溫度下降有限呢？」每當心中浮現這個疑問時，你想的可能是「冷氣機來討債了」、「冷媒沒了」、「溫度不夠冷」等答案？當然，我不排除這些可能性，但其實還有另一個最大可能是：「你的窗戶沒關緊」。

不論定頻或變頻冷氣，其運作原理都是利用風扇，將室內熱空氣吸入，讓液態冷媒吸熱並膨脹成氣體，接著再利用壓縮機，壓縮氣化的冷媒，使它還原成液體，並將熱氣排出室外。當窗戶沒關好有縫隙時，室外的熱空氣會不斷進入室內，熱空氣吸不完，冷氣降溫效率怎麼可能好得起來？**「開冷氣時，門窗要關好」是常識，只不過關好不等於關緊，關於這點一定要特別留意。**

窗戶關不緊常見原因分別是❶窗框和窗戶接合處的橡皮條脫落，❷窗戶和窗框接合處不平整，❸窗戶軌道上有雜物。若關窗後風還是咻咻地吹進來，建議讀者們不妨確認一下家中門窗的氣密度吧！

> **Tip　確實關門窗≠密不透風**
>
> 提醒大家，確實關閉門窗不代表整個空間密不透風喔！密不透風會造成屋內二氧化碳濃度過高，讓人吹到昏昏沉沉。通常門下方都會留有空隙，若你家下方的門縫封死，開冷氣時，記得窗戶要留個小縫。

❶超級吃電怪獸

第⑵名　電燈

雖然一顆燈泡消耗的電力才數一〇瓦（W），但根據調查，**照明總用電可是家庭用電比例的第二名！**若你曾細數過家中一共有幾盞燈，對此結果應該不至於大感意外。以三房兩廳兩衛浴的房型來說，五十盞燈跑不掉。就算每盞燈二三瓦（W），

全部加總就高達一一五〇瓦（W）。在正常情況下，家中電燈不會同時全數開啟，但比起其他家電，燈泡的使用時間、頻率絕對名列前茅，因此，想要省錢，電燈絕對值得我們好好「動手腳」。

電燈省電妙招❶

房間不是越亮越好，挑對才能省錢又護眼

雖然日光燈省錢又亮，但全家都裝上日光燈，感覺太過冷冽，而隨著對居家舒適度及裝潢設計的要求越來越高，照明的選擇也越來越多樣化。到底要怎麼選才能夠省電又達到護眼效果呢？在此分享我挑選電燈的心得，提供給讀者們參考。

Step ①按空間決定電燈類型

不同空間依不同使用習慣，需要的照明燈具也不同，例如客廳、餐廳、房間亮度需求較高、長時間大面積照明，建議使用日光燈、省電燈泡。浴室、廚房電燈經常開關，可考慮省電燈具或ＬＥＤ燈具。

Step ②選顏色和演色性

燈泡分兩種顏色，晝光色和燈泡色。晝光色偏白光，給人明亮的感覺，燈泡色偏黃光，給人溫暖的感覺。

燈泡顏色的專業用語為「色溫」，單位是「K」，數值越低表示光的顏色越黃。燈泡色的色溫約二八〇〇至三二〇〇K，晝光色的電燈色溫約五〇〇〇至七〇〇〇K。**色溫與耗電無關，因此，讀者們可按照自己的喜好來選擇。**

至於「演色性」，指的是物體在光源下呈現色彩的真實性，數值從一至一〇〇，一〇〇最接近自然光、最不失真，白熾燈的演色性就是一〇〇。**我建議居家照明至少要挑選演色性八〇以上，有節能標章的電燈演色性起碼都有八〇，**這是最方便記憶的方式。

Step ③按亮度需求，挑選最省電的燈

由於燈是照明用的，倘若為了省電少裝幾顆燈，使自己長期在過於昏暗的環境中活動，萬一壞了眼睛健康，就得不償失。因此正確作法是**按照亮度需求，挑選夠亮但相對省電的燈泡才對。**

當決定好用什麼顏色、什麼類型的燈泡後，最後要決定的就是要裝多少亮度的燈具。想要買對燈泡數，首先得認識「流明數」與「照度」。

「流明數（lm）」是燈泡發光亮度的單位，而光度學中又將燈泡亮度稱為「光通量」，「照度」指的是單位面積所感受到的流明數，單位是郎克斯（Lux），因此燈泡包裝上的光通量，是亮度的訊息。光通量數值越高，代表燈泡亮度越亮，例如一樣二七瓦（W）省電燈泡，「光通量八○流明（lm）」比「光通量六○流明（lm）」還亮。大家不妨將兩者理解成以下的關係，如此應該就不至混淆了。

光通量與照度關係圖

光通量數值越高，代表燈泡亮度越亮。

> **照度＝收／被動（人）**
> **流明數＝放／主動（燈泡）**

上了一堂燈泡專業術語課程後，接著來學學如何挑選夠亮又省電的燈泡：

❶知道空間是幾平方公尺，並了解該空間建議的照度（請參考七六頁表格），就能算出空間需要多少流明數。例如客廳大小是六坪，一平方公尺等於○．三○二五坪，六坪約等於十九．八平方公尺，又客廳建議照度最少一平方公尺要三○○流明，算起來，六坪空間最少需要五九四○流明（lm）。

❷根據廠商所提供的訊息，找出最省電的燈泡。這時我們要看的是瓦數加流明數（光通量）或發光效率。有些廠商會直接標出流明數（光通量），但也有部分只標出發光效率（lm／W）。將發光效率×瓦數，就等於流明數。例如一顆二三瓦（W）的

室內照度建議

	餐廳、客廳（Lux）	房間（Lux）	書房／閱讀（Lux）
建議照度	300～500	150～300	500～750

省電燈泡，發光效率六〇流明數／瓦（lm／W），其流明數就是一三八〇。挑選的原則就是，**一樣瓦數的燈泡**（代表燈泡所使用的功率）**選流明數較高者**，這代表花一樣的電費，能有較好的亮度，選它相對省電。換個角度，**若流明數相同，瓦數越小代表越節能**，這也是比較方法之一。由此，就可以選出較省電省錢的燈泡了！例如，一樣都是二三瓦（W），發光效率六六的比六〇的省電；一樣發光效率為六六的燈泡，二三瓦（W）比二七瓦（W）省電。

電燈省電妙招❷

別被省電燈泡的名字騙了，不需將電燈全面換成省電燈泡

許多人誤以為所有電燈中省電燈泡最省電，其實不是的！省電燈泡一詞是為了對比白熾燈（也就是愛迪生發明的鎢絲燈），才有了「省電」的美名。和白熾燈相比，它的確省電，但和日光燈相比，就不見得能拔得頭籌了。

實際上，省電燈泡原名叫做「緊湊型螢光燈」，也就是彎曲版的日光燈。之所以能獲得「省電」的美名，是因為美國家庭大多使用白熾燈，美國政府為了呼籲大家改換比較省錢的緊湊型螢光燈，才稱它為「省電燈泡」。

一樣都是螢光燈，為什麼省電燈泡沒有比日光燈省電呢？螢光燈是透過安定器啟動電子高速撞擊水銀氣體產生紫外線（紫外光），再經由玻璃管壁的螢光粉而發光，由此可知，直管日光燈發光的效率比彎曲的日光燈來得好。既然如此，有什麼理由必須將家中燈泡全面汰換成省電燈泡呢？再說，日

光燈與省電燈泡燈座介面不同，要汰換可不是拆下舊燈泡、裝上新燈泡這麼簡單。

不過，若將家中所有白熾燈全換成省電燈泡，那就是省錢聰明做法了。白熾燈價格雖低，卻相對耗電，且亮度不高（約九〇〇流明數），壽命也不長（約九〇〇小時），**一顆二七瓦（w）省電燈泡和一顆一三五瓦（w）白熾燈泡，所發出來的流明數是一樣的**，換句話說，**將白熾燈換成省電燈泡可省下五〇至七五%的耗電**，相當可觀。好消息是這兩者的燈座介面一樣，除了燈泡費用外，不會有額外支出。

至於日光燈具，則按照燈管直徑，一般分為T5、T8、T9型，其中T8、T9是大家常用的傳統型日光燈管，直徑為8/8與9/8英吋，T5則是較新的發明，直徑為5/8英吋，直徑小燈管最細，不論發光效率或使用壽命，都是傳統燈管難以望其項背的。根據測試，**T5的發光效率約為傳統的一．七倍，使用壽命約為一．五倍。**

總結來說，想要更節能使用燈具，只要記住一個原則：**鎢絲燈泡換省電燈具、日光燈具選T5燈管（搭配電子安定器）**。

除了燈泡，也別忘了安定器。安定器是燈具的驅動器，和電腦的驅動器功能類似，傳統的安定器點亮速度慢、會閃爍，經常造成視覺的不適，電子安定器除了克服這些疑難雜症外，還比傳統省電安定器省電二〇至四〇%，因此**想要省電，除了換燈泡之外，請立即換上電子安定器。**省電燈泡的燈座就附有電子安定器，而日光燈具則需要請專業師傅來幫忙更換。特別提醒，為了安全，更換時一定要記得先關閉開關！

Tip

浴室若終年潮濕，不適合選用電子式安定器日光燈具

電子安定器不喜歡潮濕環境，那會縮短它的壽命。倘若你家浴室終年潮濕，請勿選用電子式安定器日光燈具。

電燈省電妙招❸

燈不是越少越省，改變配置效果最好

坦白說，電燈的配置是個複雜的問題，牽涉到照度、流明數、瓦數等較專業的知識，除了相關科系的人外，大多數人會把這重責大任託付給裝潢設計師。因此家中有幾個燈座往往是固定的，你可以做的，就是選對燈具裝上去。

關於燈具的省電度該怎麼評估，我們在第七五頁中有詳盡說明，但若你恰恰好是個電器門外漢，評估計算照度、流明數對你來說實在難度高，那麼我提供你一個簡單的方法，那就是選擇有「節能標章」（請參考一八四頁）的燈具準沒錯。實際上，**我認為購買燈具最需要考慮的是「光源效率」（或稱發光效率，lm／W），光源效率越高，代表燈具越省電，擁有節能標章的燈具，發光效率都在水準之上。**

市售省電燈具規格大概二一至二八瓦（W），發光效率也都在六〇以上。根據換算，二一瓦（W）的省電燈具，足以照亮一坪大小空間，換句話說，六坪大小的客廳，只需要六顆省電燈具就能搞定。讀者們若不想為選燈傷透腦筋，就從比較貼有節能標章的燈具，哪顆發光效率最好下手吧！

另外，省電燈具也有能源標籤的認證（請參考一八三頁），發光效率數值越高越省電，同時也可參考等級標示，**一級能源效率最高，平均電燈壽命超過八〇〇〇小時，五級則低於六〇〇〇小時，以一般二三瓦（w）省電燈具為例，約可省三三％耗電量。**

另外，雖然裝潢時設計師把燈座留給了我們，但並沒有規定我們非得把所有燈座填滿吧！燈具的配置，原則上按使用習慣來設計，台灣家庭過去習慣每個空間使用主燈，因此，經常會發生為了一個小小的照明，而不得不點亮整個空間，造成浪費的問題。例如明明只是窩在沙發上閱讀，卻需要打亮客廳全數的燈。這樣的習慣，看起來燈具數量少，但電費卻無法降低。反觀歐美，則習慣不用主燈而用立燈。立燈的好處不僅能讓空間饒富情調，最重要的是可以靈活地使用。當你窩在沙發上看書時，

只需打開立燈。各處擺放立燈，雖然會使得燈具數量增多，但電費卻能降低，建議大家不妨稍微調整一下使用習慣。

電燈省電妙招4

隨手關燈沒必要，離開10分鐘以上再關燈就好

隨手關燈的概念並沒有錯，但若只是離開十分鐘，建議就別關燈了，因為開開關關可能會讓電燈提早結束壽命。

電燈的使用壽命與電壓及「壞掉之前可承受的特定開關次數」有關，一般白熾燈八○○至九○○小時；省電燈具六○○○至八○○○○小時；日光燈六○○○至八○○○小時；LED燈一五○○○至二○○○○○小時。不希望家中電燈折壽，建議只離開三、五分鐘時別關上開關，確定離開十分鐘以上再關燈吧！

如果只離開10分鐘就別關燈，以免燈泡提早壽終正寢。

Tip

淡色天花板、牆壁能讓你少用電燈！

想省電，和天花板、牆壁顏色也有關係！淺色系反射率高，牆壁比較容易反光，深色系則容易吸光。室內明亮、清爽，電燈就可以省著點用。

電燈省電妙招5

燈管、燈罩記得更換與擦拭

在少花錢的前提下，多數人對於電器總抱持著壞了再換的想法，卻忽略看不見的耗能。注意！電燈也是需要定期汰舊換新的電器喔！

根據測試，使用三年後的燈管，照度只剩下設

計值的四四%，若換掉可提高到設計值的七五至八〇%。**當你感到燈光明顯變暗或者閃爍時，就該更換燈管了。**否則，開更多燈只會更耗電。

除此之外，也該養成定期擦拭燈罩的好習慣。由於電燈高掛天花板，即便有定期打掃的習慣，也容易因不方便清理而直接跳過，但這偷懶是要付出代價的。根據測試，用了三年的電燈就算不換掉，光清潔燈管燈罩，照度就可從四四%提升到五五%。要節能省電，燈罩記得定期擦一擦。

電燈省電妙招❻

裝置多切開關，依需求開啟所需燈具數量

依照不同活動，我們對照明的需求也不一樣。一般家庭客廳或房間燈具，大多採全開或全關模式，意即一按下開關，所有燈具全數亮起，這樣無形中會造成電力的浪費。以個人為例，在客廳裝置六顆二二瓦（W）省電燈具，並採用多切開關，可依使用需求開啟二、四、六及全關等四種選擇，可節省三分之二及三分之一燈具用電。建議大家不妨選擇支援多切開關的燈具，並按照所需光線調整開啟的燈泡數量。

節能小知識

燈泡破了，該如何處理？

不論省電燈具或日光燈具，皆是含汞的螢光燈，接觸到時，雖不至嚴重到害我們中毒，但謹慎處理總是上策。如果你不小心打破燈泡，建議依下列步驟處理：

Step ① 開門窗維持通風。

Step ② 戴上口罩，再清理。

Step ③ 用報紙將破碎燈泡包好，用塑膠袋裝好並特別標註「破碎燈管／燈泡」，以利確實回收。

❶超級吃電怪獸

第(3)名　電熱水瓶／開飲機

千萬別小看一個小小的電熱水瓶，它體積雖小，但使用一個月所耗費的電力卻遠勝冰箱，是家庭用電比例的第三名！

電熱水瓶耗電量有多驚人呢？根據測試，十公升電熱水瓶一天約用二度電，一年下來就用掉七三〇度電，折合新台幣三六五〇元。在這個什麼都漲、唯獨薪水不漲的時代，想要省電省錢，當然得精打細算，快來看看如何節能使用它吧！

電熱水瓶省電妙招❶

善用省電定時設定或定時器，減少重複加熱的頻率

電熱水瓶最大的作用當然就是時時提供熱水，加熱方式是在內桶注滿冷水，以電能加熱至沸騰後，保溫備用。為了常保水溫，只要水溫一下降，電熱水瓶便會自動加熱。

曾有傳聞說：「熱水瓶的水只要加一半就好，這樣能縮短煮沸的時間，而且量少消耗得快，也能縮短保溫時間，就能減少耗電。」乍聽似乎有道理，但仔細想想，這麼做只怕徒勞無功。因為每個家庭對水的需求量固定，水加一半到頭來只是多煮幾次水，不斷煮水恐怕內桶反而耗損較快。

我建議，**若電熱水瓶有省電定時功能，就讓它充分發揮功能，設定省電定時後，加熱器會暫停通電，等到設定時間到了，再重新煮沸熱水供使用。**例如朝九晚五的上班族，可以在出門前設定九小時後再煮沸，這麼一來，回到家時就有熱呼呼的水能立即享用，省了錢也維持了舒適！

若家中電熱水瓶沒有此功能，那麼就善用定時器吧！定時器的原理和定時功能一模一樣，按使用需求設定電器運作時間，時間到了自動關閉，這麼一來，就不用怕出門時沒享受到熱水，而電費還默默浪費了。根據實際測試，採用定時器控制電熱水瓶開關時間，約可節省三六%用電量，一年約可節省一〇〇〇多元！

定時器分機械式、數位式，價格從二〇〇至二〇〇〇元不等，好好善用幾個月就回本了。不只是電熱水瓶，冷氣機、除濕機、電暖器、音響、電風扇等，都可以運用定時器來幫忙省電。

Tip

定時補充冷水，以免乾燒

電熱水瓶與開飲機因隨時飲用，需每隔一段時間就補充冷水，避免缺水而乾燒。個人建議，放長假或一段時間用不到熱水，可關掉電源，以降低火災發生機率。

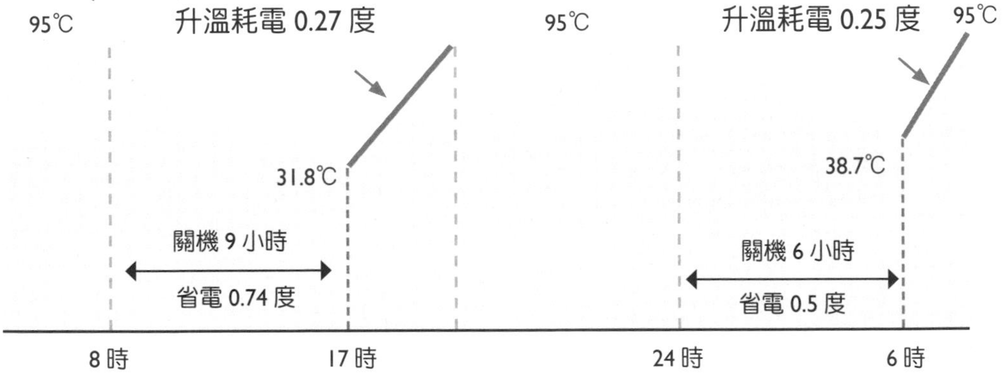

95℃
升溫耗電 0.27 度
95℃
升溫耗電 0.25 度
95℃
31.8℃
38.7℃
關機 9 小時
省電 0.74 度
關機 6 小時
省電 0.5 度
8 時
17 時
24 時
6 時

關開飲機 15 小時節省熱損失 1.24 度，2 次升溫增加 0.52 度電，
合計每日節約 0.72 度電，節省 36% 。
註：以 10 公升電熱水瓶為例

電熱水瓶省電妙招❷

夏天改用瓦斯爐燒水、保溫瓶保溫

在夏天遲遲不願拔掉熱水瓶插頭的人，應該都是抱著「隨時都有熱水可以喝」的心態吧！坦白說，在夏天喝熱水的機率極低，與其讓電熱水瓶整天耗電保溫，倒不如等需要的時候再燒水就好，這麼做才能省下電費。

說到燒開水，一般家庭常用的是電熱水瓶及瓦斯爐燒水。根據測試，電熱水瓶平均燒水需要十五分鐘，消耗功率約莫一〇〇〇瓦（W），燒一次開水需要一．二五元。而瓦斯爐燒水需要花費十五分鐘〇．〇五度，燒一次水需要一元。因此，建議大家夏天直接停用電熱水瓶，需要熱水時用瓦斯爐燒水，畢竟插頭插一整天代表二十四小時都在耗電，怎麼想都不划算。

至於保溫這個重責大任，就交給保溫壺啦！市面上有不少保溫效果一級棒的保溫壺，建議大家可以多多利用。根據我的經驗，即便是冬天，保溫壺都還有保溫二天的效果（四〇至五〇℃）！

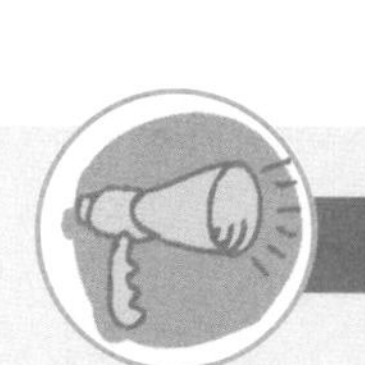

科技新知

日本節能飲水機

日本目前所面臨的用電問題，比台灣還要嚴峻，不論居家或公共場所，隨處可見具節電環保概念的物品及相關設計。例如，日本沖繩美麗海水族館（Okinawa Churaumi Aquarium）所提供的飲水機，可利用腳踏板控制水量，讓遊客依據需求調整供水時間，達到節約用電及用水的雙重目的。

節能小知識

電熱水瓶省電招式還有……

❶選用有節能標章的電熱水瓶（請參考 184 頁）

❷定期清理水垢

自來水中的礦物質經過加熱後會沉澱，久了就會形成電熱水瓶內容器中，看得見、摸得到的水垢。水垢不清不僅會使燒水聲音變大、出水不順，加熱時間也會拉長，平白耗電。一般清除水垢，可使用檸檬酸，坊間也有專門清除水垢的產品，可多加利用。

省錢比一比｜電熱水瓶、開飲機及瓦斯爐燒開水

	燒水速度	保溫效果	省錢
電熱水瓶	平手（約 15～20 分）	第❶名	第❷名
開飲機	平手（約 15～20 分）	第❷名	第❸名
瓦斯爐燒水	平手（約 15～20 分）	第❸名	第❶名

電熱水瓶和電熱水壺該選哪一個？

偶爾想喝杯熱飲、泡個泡麵，對小資族、租屋族來說，電熱水壺（快煮壺）是最理想的選擇，方便、快速又安全。

❶超級吃電怪獸

第(4)名 冰箱

提到耗電電器，相信大家一定會想到冰箱，畢竟它體積那麼大，讓人想忽視都難。但從冰箱的消耗電力來看，也才不到二〇〇瓦（W），為什麼還能躋身超級吃電怪獸行列呢？

原因是冰箱二十四小時都得待命，因此耗電量驚人，是家庭用電比例中的第四名！根據計算，三七五公升的冰箱一個月耗電度約三〇度，約莫新台幣一五〇元，因此若能力行節電用法，每個月可以省下不少錢呢！

冰箱省電妙招❶
選擇變頻冰箱較省電，同時注意大小、能源因數值

冰箱主要功能就是保冷，而冰箱內部的溫度隨著我們開開關關，隨時都有變化，若想避免壓縮機反反覆覆重新啟動，變頻冰箱的確是節電好選擇，再加上冰箱二十四小時不斷電，節電幅度會很顯著！建議家中冰箱如果已使用五到八年，可以考慮改換成變頻冰箱！依個人使用五年經驗，在相同容量下，變頻冰箱比傳統定頻冰箱省電三〇%以上，且冰箱壓縮機運轉噪音值較低。

另外，和諸多電器用品一樣，冰箱也有能源效率分級標示可參考（請參考一八三頁），在標示中所謂的**EF值（能源因數值），指的是每月消耗一度電所能使用的容積大小，也就是一度電可供多少容積的冰箱使用一個月，數值越高，就代表冰箱冷藏效率越好**。另外，貼紙右側一樣可以看到耗電量等級標示，數字越低，耗能越少。根據數據顯示，一台約五六〇公升的電冰箱，一級比五級一年可省三〇四度電，約莫一五二〇元！

選擇冰箱時也該注意大小。冰箱買太大容易造成電費額外支出，買太小冷藏效果降低，會影響食

物保存與健康，兩者都不理想。至於要如何確認冰箱大小呢？很多人可能較常從❶冰箱容積（公升）等於家庭人數乘以四〇至五〇；❷冰箱容積（公升）等於家庭人數乘以六〇至八〇這兩種建議來挑選。上述兩種計算原則都沒錯，但坦白說，市場上的家庭用冰箱多以三〇〇至五〇〇為大宗，要按一般建議找小容量冰箱還不容易呢！因此，我建議還是要根據使用需求來挑選，例如習慣一次採買一星期食材者，冰箱容積就得加大，若天天上市場買菜者，就不需要這麼大的冰箱。

冰箱省電妙招❷

留住越多冷空氣越省電，冰箱門不要打太開

你平常都怎麼使用冰箱？打開冰箱才思考應該吃些什麼好？冰箱塞得亂七八糟，得開著門找東西？注意，冰箱一打開，內部的冷空氣和外界的熱空氣，會密切「交流」，開啟一〇至二〇秒，冰箱內的溫度大概就會提升一至二℃，這麼一來壓縮機又要再加把勁，努力運轉十分鐘才能將內部溫度降回未開啟前，想省錢就要避免這種狀況太常發生。

一般常見會將冰箱門打開太久，不外乎下列幾種原因：

❶冰箱雜亂無章。要解決這問題就得加強冰箱整理術。有些人習慣在冰箱外貼一張便條紙，列出冰箱的內容物；有些人利用保鮮盒將食材分門別類，井然有序的放置。大家可按習慣，發明自己的冰箱整理術。

❷冰箱門開啟角度太大。雖然現在的冰箱門可開啟一八〇度，但說真的，在拿取食物時很少有這需求。開啟角度越小，冷空氣流失得越少，想省錢小細節不能不注意！

❸冰箱側門的止洩邊條鬆了。冰箱側門的止洩邊條使用四、五年後可能會老化，而手汗等髒污也可能會讓止洩邊條無法密合，以上都會影響冰箱的保冷能力。只要出現一條小縫，耗電量就會增加五至一五％。若發現冰箱的門無法密實關上，一定要請人來維修。

另外，DIY加裝冰箱門簾，也可以防止冰箱內的冷空氣跑出來。只要利用塑膠軟片，剪成條狀黏在冰箱上，就成門簾囉。別小看這個動作，可以攔截五〇至六〇%的冷空氣外流。

最後，特別注意，在談論冰箱節電議題時，「將冰箱前腳略為調高，減少冷空氣從止洩邊條外流」的建議時有所聞。不過，個人並不建議大家這麼做，因為**冰箱應該置放在平坦的地面上，否則經過長期運作的震動，壓縮機馬達軸心可能跑掉，變成短命冰箱，反而更不划算**。

冰箱省電妙招❸
熱騰騰的食物別直接送進冰箱

「噢，好想喝消暑的綠豆湯喔，可是才煮好沒多久，這麼燙要怎麼吃啊！」不少人應該都有類似經驗，很多人的作法就是直接把熱騰騰的綠豆湯放入冰箱冷凍室，以便能儘快享受到清涼的消暑聖品。

不管是因為偷懶、貪涼，提醒你千萬別再這麼做了！這樣做不僅會讓冰箱內部溫度上升，壓縮機為了維持必要冷度，持續運轉；另外，也可能會影響食物品質，損失更大。

小資族看過來

別讓小冰箱成為吃電怪獸！

小資一族比較有機會用到單門小冰箱，使用時請注意以下幾點：

❶看食材調整溫度。若冰箱只用來放冷飲，建議調高溫度設定，設定在10℃左右就綽綽有餘了。

❷若需使用冷凍室則請留意，當結霜超過約0.6公分時就要手動除霜，以免結霜太厚影響致冷效率，平白付一堆電費。

❸不需使用冷凍庫時可以將冷凍庫關閉。冰箱因為24小時不斷電，耗電量頗為驚人。日本觀光飯店為節能減碳，平日會將客房所提供冰箱之冷凍庫開關關閉，並請旅客入住飯店後，有需求時再自行開啟開關，且將冷度設定為3～4刻度（適冷溫度）。使用小冰箱的族群，不妨參考日本飯店業者的做法，相信能省下可觀電費。

根據實際測試，將一公升五五℃的開水放入電冰箱，要讓它冷卻到五℃，將比二五℃開水放入的情況增加二倍耗電量，所以請記得，要等食物溫度降到室溫左右再放進冰箱。

冰箱省電妙招❹ 設定恰當溫度，冷藏不高於五℃，冷凍要低於〇℃

你注意過家中冰箱的溫度設定嗎？不少人為了延長食物的保存期限，習慣將溫度設定為強冷，誤以為溫度越低，食物就越能存放。當然，在食物保存期限內維持安全冷度低溫（冷藏室的溫度不宜高於五℃，冷凍庫的溫度一定要低於〇℃），確實有助於抑制細菌生長繁殖，延長食材的保鮮期，但一般建議將溫度調節旋鈕設定在適冷（也就是「中」）即可，就算夏天也不需要調到強冷喔！

良好冰箱使用習慣還有……

❶讓冰箱與牆壁保持 2 ～ 10 公分距離，以利散熱

冰箱和其他電器一樣，也害怕散熱不良，因為會影響運轉效率。建議冰箱背面及兩側，和壁面最好能保持 2 ～ 10 公分以上的距離。另外，記得冰箱上方不要置放任何物品，以免影響效能。實際上，每款冰箱的散熱系統位置不同，兩側、背部、上方都有可能，倘若沒辦法各預留 2 ～ 10 公分，那麼請參考說明書上的建議，至少維持散熱系統那面的距離。

❷使用鐵盤、金屬盛裝食物

金屬具有良好的傳冷效果，若能用鐵盤或錫盤盛裝食物再放進冰箱，冰箱降溫工作可省點力。

❸不在冰箱囤積過多食物，不超過 8 分滿

❹不擋住冰箱出風口

❶超級吃電怪獸

第⑸名 洗衣機

洗衣機消耗的電力雖然不算太高，若單純洗滌約莫二〇〇至四〇〇瓦（W），電鍋、吹風機隨便都是它的二、三倍。不過因為是經常在使用，所以名列家庭用電比例排行榜第五名。接下來就一起來看看，洗衣機怎麼用比較省吧！

洗衣機省電妙招❶

容量買太小，反而比較燒錢

想省錢，把錢花在刀口上是最基本的態度。不過，如果因為省錢而刻意選擇公斤數較低的洗衣機，恐怕如意算盤打錯囉！

挑選洗衣機多數人習慣先考量家庭成員人口數，例如一般建議，家庭人口數二人，購買十公斤上下的洗衣機，一家四口建議十二至十五公斤左右，但強烈建議平日洗衣習慣也應該一併考量進去。若有洗棉被習慣，或者衣服累積一至二個禮拜再一起洗，那麼不管家中人口數多少，十三公斤以上的洗衣機才不會不敷使用。

總之，關於洗衣機的選購，建議容量可大不可小，大容量的洗衣機，可以洗少量衣物；但小容量的洗衣機，一旦洗衣超載，不僅衣物洗滌效果打折，機器本身也容易耗損、故障，且經常使用相對也耗電耗水。

最後，有一點特別建議，目前產品開發紛紛朝向高效能、人性化設計，坊間有不少訴求具臭氧、白金除臭的洗衣機，只要是合格商品，都經過抗菌試驗考驗，的確具除臭效果，大家選購時不妨將此功能一併考慮進去，但要注意維持洗衣機附近良好的通風狀態，以免對健康不利。

洗衣機省電妙招❷

怎麼洗衣服，決定變頻或定頻

在一樣的使用條件下，依個人實際使用五年經驗，**變頻洗衣機的確比定頻洗衣機來得省電，根據計算，約能省二〇至三〇%**。因為定頻的馬達開關打開後，就只能維持一定的轉速運行，無法調整快慢，變頻則可以靈活的調整轉速。除了省電的優點之外，變頻洗衣機也較安靜。

變頻洗衣機聽起來優點頗多，不過，比價後各位可能會發現，變頻洗衣機的價格明顯比定頻貴了不少，為此打退堂鼓的人不在少數。

依我建議，家中洗衣機若還是「好好」的，不必急著淘汰。若剛好需要汰舊換新的人，不妨從洗衣習慣來衡量。每個家庭洗衣習慣不同，有些家庭一個星期才洗一次，衣服不分類全部一起洗；有些家庭比較講究，不僅分衣物功能還分顏色，一個晚上洗二至三次都有可能。原則上，**使用頻率非常頻繁的家庭，就可以考慮換變頻**，但變頻不見得是必要選項，只要選擇貼有節能標章（請參考一八四頁）的機種就可以了！

租屋族該手洗、用公用洗衣機，還是乾脆買1台？

實際上，由於每個人洗衣頻率不同，因此適切做法因人而異。個人建議同學、小資族們計算一下洗衣頻率，頻率高者可考慮直接買1台迷你洗衣機，頻率低者手洗＋投幣式應該就夠了（若不願意使用公用洗衣機）。特別提醒：安裝洗衣機要接電源線、接水管、排水、接地線……等，要注意租屋處是否有現成的。

省錢比一比｜直立、滾筒式洗衣機

	衣料保護	洗淨力	價格	省水	省電
直立式		平手			
滾筒式	勝	平手	高	勝	勝

節能小知識

良好洗衣機使用習慣還有……

❶累積到一定的量再洗

洗一次衣服洗衣機就得「動」一次，洗衣機動一次，電費就得花出去，想要省錢應該盡可能減少洗衣次數。不過特別注意，髒衣服建議先擱在透氣的洗衣藍，別放在密閉空間，以免孳生細菌、衍生臭味。

❷不要塞滿滿，8 分滿就好

經常塞滿滿跑洗程，衣物無法充分在桶內翻滾，根本洗不乾淨，且負擔太大軸心會偏掉、馬達會壞掉，對洗衣機本身也會造成損害。建議以 8 分滿為限！

❸不太髒的衣服快洗就可以了

一般坐辦公桌的朝九晚五族，通常衣物只會輕微髒污，選擇快速行程最省電省錢！

❹選擇有節能標章的洗衣機（請參考 184 頁）

❶超級吃電怪獸

第⑹名 電視

電視是現代人休閒好伴侶，很多人回家第一件事是打開電視賴在沙發上。根據調查，台灣人每天花在電視上的時間約莫二至三個小時，一年下來也花了九〇〇多元在看電視上（以四十二吋液晶電視為例）。電視使用頻率高，注意節能技巧，可以讓你多省點錢。

電視省電妙招❶

轉台會耗電？No，不看也不關機才真耗電

電視一直是國人消磨時間的好夥伴，多數人一回到家，就過著「變身沙發馬鈴薯配電視」的生活，手握遙控器轉啊轉，一路從國家地理頻道轉到新聞台，再從新聞台轉到戲劇台、購物台、電影台……，即便看到有興趣的節目，中場廣告短短數十秒，也一定會習慣性再尋找其他節目。一個晚上就在轉台中度過的人相信並不少。

很多人都想問，拚命轉台很耗電嗎？坦白說，看電視時拚命按遙控器並不會很耗電，真正的壞習慣是開著電視卻不看，那就很耗電了。根據測試，四十二吋液晶螢幕每天只要多開一個小時，一年下來就多花你四五六元，別認為這是小錢，在這低利率的時代，四五六元差不多就是三四〇〇〇元現金定存一年的利息！想想看，這筆錢如果因為這壞習慣就這麼飛了，豈不可惜！

提醒大家，快快改掉依賴電視的壞習慣，沒電視可看，關掉；也別任由電視開著，自顧自地上網、滑手機、做家事……。

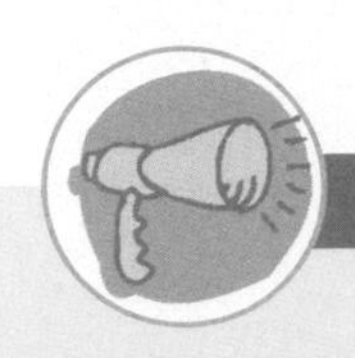

科技新知

能顯示消耗電力的電視機

前一陣子到沖繩旅行，飯店採用三菱公司生產的42吋液晶電視，電視提供了一個和節能相關的功能：**螢幕上直接show出電視當下消耗的功率**。基於實驗心態，我立馬進行了測試，發現收看電視頻道，螢幕顯示消耗電力為45瓦（W），當轉換上網功能後，消耗電力顯示50瓦（W），消耗電力增加了11％。

這樣的新技術，讓我感到新鮮且實用，如果家電都能具備顯示消耗功率的功能，消費者在耗電、節電之間，應該會更有感。

電視省電妙招❷

電視不看拔插頭？No，善用延長線才對

「你知道嗎？電視、微波爐、音響、電腦等電器不使用，一樣會待機且非常耗電，一定要拔插頭！」以上說法相信很多人都聽過吧！

按用電狀況，家中電器可分為三種：❶二十四小時不能斷電，如冰箱、電話、對講機等等；❷不用時呈待機狀態，按個按鍵就能啟動的，如電視、冷氣機、床頭音響、微波爐、印表機、洗衣機等等；❷無需待機的電器，如電風扇、吹風機、烤箱等等。

二十四小時不能斷電的不能關掉，無需待機的電器不啟動本來就不耗電，拔掉插頭無疑多此一舉，因此，「沒用的插頭要拔掉才能省電」的說法，是針對有待機功能的電器，但真的有這個必要嗎？

沒錯，待機的確會耗電，但對電視來說，我並不建議看完電視後拔插頭。主要是因為電視待機功率很低，約一瓦（W）左右，就算二十四小時待機，一年下來也用不到一度電，即便非節能標章產品，待機一瓦（W），二十四小時三百六十五天下來，

也不過使用了八度電左右。然而**頻繁拔插頭，會造成插座內的簧片鬆動，灰塵也容易跑進插座縫中，導致接觸不良或通電時短路冒火花，不僅不會比較省，反覆啟動還可能因此損害電器的使用壽命！**再者，台灣氣候潮濕，插頭插著通電對電路也比較好。總之，看完電視後拔插頭的行為，很可能因小失大，我並不建議這麼做。

建議每天都會使用到的電器，不需要拔插頭。如果是季節性電器如冷氣，冬天長期不用就可把插頭拔掉，但建議插座蓋上安全孔蓋，避免灰塵跑入。**如果很介意電器待機時消耗的電費，那麼可以利用有多孔開關的延長線來進行控管。**使用方法很簡單，使用電器時打開延長線開關，不用時關掉延長線開關，避免該電器通電即可。

電視聲音越大，耗電越多。

電視省電妙招❸
螢幕種類差很大，液晶螢幕比電漿省錢

說到電視機的耗電，螢幕所占比重還不低，因此若能挑選耗電較低的螢幕，就能明顯感受到省電效果了。目前市面上最常見的螢幕為電漿和液晶，傳統映像管偶爾還能見得到。根據測試，同為四十二吋螢幕，液晶比電漿省電四〇％以上。

Tip

怎麼分辨會待機的電器？

❶用遙控器就可以開啟的電器。
❷關掉電源後，電器上還會有燈號、數字閃爍。
❸有附加功能的電器，例如溫度、濕度顯示功能。
❹說明書上列有「待機電力」者。

節能小知識

良好電視使用習慣還有……

❶定期擦拭螢幕

電視螢幕會產生靜電，吸附大量灰塵，長期下來會影響畫面的明亮度。記得每隔 2 星期擦拭螢幕，讓畫面時時保持明亮，就不會不自覺不斷調高螢幕亮度，讓錢默默燒掉。

❷聲音調小、亮度調低

購買電視後，請記得調整畫面亮度，將亮度調低一點。諸多原廠設定都是「最亮」，無非是希望大家能享受一場視覺饗宴，但時間過長，恐怕眼睛疲勞又浪費電。建議螢幕亮度應隨著周遭明暗自動調整功能，兩者相當最好。另外，也別忘了降低音量，讓電視機喇叭少做點事，電力自然就會往下降。

❸選擇有節能標章的電視機（請參考 184 頁）

❷隱藏版吃電怪獸

第(1)名　吹風機

你知道吹風機的耗電功率大約多少嗎？答案是一〇〇〇至一四〇〇瓦（W）。想不到吧，吹風機個頭小小，耗電量卻比電視、烤箱、電鍋、微波爐都來得高。長頭髮女生大約要花二十分鐘左右將頭吹乾，一個月就用掉快十四度電，一年下來的電費，可抵一次洗加剪的費用！因此，想要節能，吹風機可是一個重點項目呢！

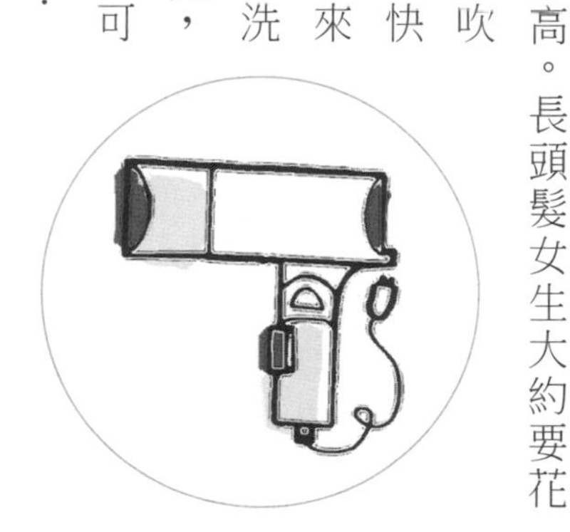

吹風機省電妙招

正確吹頭髮，省時又省電

吹頭髮也是有學問的！吹風機利用熱風加速水分蒸發以達到吹乾頭髮的目的，希望過程縮短，就應該維持髮間的通風。建議吹髮時利用手指將髮間撐開（長髮族更受用），縮短吹髮時間是最直接有效率的節能省電做法。

節能小知識

良好吹風機使用習慣還有……

1. 頭髮先用毛巾擦乾點再吹
2. 防塵要做好
3. 選購有節能標章的吹風機（請參考 184 頁）
4. 以寬鬆、平順為原則，將電線整齊繞圈收起
5. 在地面乾燥的空間使用吹風機
6. 獨立 1 個插座

Tip

在房間或客廳使用吹風機要注意！

一般家庭浴室插座設置為獨立電路迴路，吹風機與其他電器同時使用，沒有跳電危險；但房間或客廳插座一般設計同一迴路，個人建議當需要在這些場所使用吹風機時，要避免同時其他耗電電器的使用，如此可避開容量過載而跳電的危險。

② 隱藏版吃電怪獸

第(2)名　電暖器

冬天保暖防寒必備物品絕對少不了電暖器，尤其家庭成員若有銀髮族、小朋友，更是需要它。不過電暖器功率不低，從五〇〇到破千瓦（W）都有，以七〇〇瓦（W）來算，寒冬每天使用三小時，三十天下來也用掉了六三度電，約莫三一五元，若學會節電使用，積少成多，省下來的費用也相當可觀。

電暖器省電妙招❶

與其挑較大機種追求加熱速度快，不如按需求挑選最適合的

電暖器的選擇眾多，目前市面上常見的有❶石英管型（靠石英管或電熱管通電後散發熱能），❷陶瓷式（利用陶瓷發熱，再藉風扇吹出熱風），❸對流式（利用空氣對流原理），❹鹵素燈式（利用鹵素燈管發出輻射熱，藉背面金屬板反射釋放高溫），❺碳素燈式（利用碳素燈管發出輻射熱），❻葉片式（透過機體內液態油加熱後產生熱能，再藉自然熱對流暖房）。雖然，使用時我們總希望冷吱吱的空間能迅速溫暖起來，但在節約用電的前提下，建議挑選時應該要按使用空間大小、對象來篩選。

按照個人經驗，傳統的石英管型電暖器較危險。若是小空間，想要有速暖效果又希望電暖氣機動性高，可選擇陶瓷式電暖器。倘若有預算考量，那麼鹵素燈式或碳素燈式可列入考慮；沐浴時希望擁有溫暖環境者，可以選擇防水速暖且具溫度控制及溫度斷路器的對流式電暖器；至於電暖器重度需求者，如家中有小寶寶、銀髮族、孕婦，則建議選擇葉片式電暖器，它適用於各種空間，大空間更是首選。

電暖器省電妙招❷

想順便烘衣，要挑葉片式電暖器

每年冬天總會有「電暖器使用不當，引起火災」等憾事發生。原因不外乎一般家庭或小資族們，為了節省烘衣物的電費，將潮濕衣物放置於電暖器上，雖然靠著高溫，衣物的確很快烘乾，但未即時拿起衣物，往往一不小心就引燃火災或電線走火，損失慘重。

事實上，所有電暖器中，只有葉片式電暖器可烘衣烘鞋烘被子，使用時務必要用附贈的專用烘衣架，不可遮住出風口。另外個人強烈建議，一定要

有人隨時在旁觀察，以策安全。至於其他的電暖器，一律嚴格禁止用來烘衣。原則上，個人比較建議烘乾衣物，還是回歸使用本書介紹的烘衣機、除濕機與冷氣機。

Tip 電暖器使用注意事項

❶使用時請務必維持室內適當通風，以免缺氧引發身體不適。
❷浴室等潮濕處勿用一般電暖器，乾濕兩用型也請小心使用。
❸電暖器附近避免放置易燃物。
❹使用電暖器時請放盆水，以免空氣過度乾燥引發不適。
❺耗電大，使用獨立插座為宜。

省錢比一比｜石英管、陶瓷式、對流式、鹵素燈式、碳素燈式、葉片式

	優點	缺點	耗電量	安全性	適合空間
石英管	◎價格便宜 ◎體積小	◎耗氧度高 ◎皮膚乾燥、曬黑	低，約800W	低	小坪數
陶瓷式	◎發熱均勻 ◎不耗氧 ◎體積輕巧	◎出風口較小 ◎風扇噪音	中，約1200W	高	小坪數
對流式	◎防水，兩用 ◎速暖	◎升溫慢 ◎火力較小	中，約1000W	高	小坪數
鹵素燈式	◎價格便宜 ◎操作簡易 ◎發熱速度快	◎皮膚乾燥、曬黑 ◎收納不易	低，約800W	中	大坪數
碳素燈式	◎發熱速度快 ◎價格便宜	◎燈管壽命較短 ◎收納不易	低，約800W	中	大坪數
葉片式	◎不耗氧 ◎穩定度高	◎升溫慢 ◎價格高 ◎體積大	高，約1500W	高	大坪數

小資族看過來

電毯比電暖器省電

單人電毯耗電功率約60瓦（W），比起動輒破500瓦甚至上千瓦的電暖器相對省電許多，是小資族理想的抗寒暖器喔！

❷隱藏版吃電怪獸

第(3)名　吸塵器

吸塵器是居家清潔好幫手，地毯髒污、桌面灰塵、牆角毛屑都得靠它。尤其都會區缺乏曬衣場所，許多人更是靠吸塵器將藏匿於床墊、沙發的塵蟎一舉殲滅。吸塵器所消耗的電力不小，一般家用型所消耗的電力和小型冷氣在伯仲之間，掌握使用訣竅就可省更多！

吸塵器省電妙招❶

大功率不見得大吸力，看消耗功率不如看吸入功率

使用吸塵器的時候，最希望用迅雷不及掩耳的速度將灰塵通通殲滅，最怕的無非是吸力太弱，所到之處什麼都留下，除了浪費時間之外，也相對耗電。想要顧及方便與省電，就該挑選一台吸力強的吸塵器。但，你知道吸力該看什麼嗎？

很多人誤以為吸塵器消耗功率越大，代表越有力，其實，看消耗功率不如看吸入功率！**吸入功率是衡量吸塵器吸力大小的參考，兩台消耗功率一模一樣的吸塵器，吸入功率高的代表吸塵效果越好。**當然，吸力還受到吸塵器本身設計、吸頭等影響，無法一概而論，但比起消耗功率的數據，吸力功率相對有參考意義與價值。

市面上並非所有吸塵器都會標示吸入功率，挑

節能小知識

良好吸塵器使用習慣還有……

❶使用吸塵器前，先把空間整理一下。將空間先整理好，才能避免一面彎腰收拾，一面消耗吸塵器電力的狀況。

❷依照環境調整吸力、吸頭

❸使用完畢，立即清理濾網及集塵袋（盒）

選時可詳細問清楚。另外，也有業者強調大功率等於大吸力，千萬別被此類似是而非的說法給混淆了。

小資族看過來

最省錢環境清潔術：掃把＋畚箕＋抹布

「掃把＋畚箕＋抹布」對小資租屋族而言，堪稱環境清潔黃金組合，是省錢鐵三角。先用掃把、畚箕將室內灰塵清除，再用抹布擦地，完全不浪費電，省到最高點！

❷隱藏版吃電怪獸

第⑷名 電鍋

電鍋可以用來清蒸、水煮、燜燉，是家庭主婦們料理的好幫手，家家戶戶幾乎都能看見它的身影。但你知道嗎？電鍋所使用的電力和一台小型冷氣不相上下，一天使用一個小時耗費一度電，一年下來耗掉三六五度，換算成新台幣也要一八二五元，一點也不小筆，絕對要用得省才行！

電鍋省電妙招❶

煮飯前先浸泡30分鐘

煮飯前先泡三十分鐘，有兩個好處：❶浸泡後的白米會較軟，能縮短煮熟的時間，達到省電的目的，❷在浸泡過程中，米粒充分吸收水分，加熱更均勻，米心易透口感更好。能邊省錢邊煮出可口米飯，何樂而不為?!

電鍋省電妙招❷

內鍋加入熱水煮飯，縮短煮飯時間

利用電鍋幫忙煮飯的時候，你都怎麼做？把米洗一洗、淘一淘，接著加入適量的自來水，按下電源開關，等待開關「答」的一聲跳起？如果這是你煮飯的SOP，建議修正一下。經過個人實際測試，若一開始即在內鍋加入熱水，電鍋省去「先將水加熱至一〇〇℃才開始煮

飯」這過程，一來一往間可縮短三〇至四〇%的煮飯時間，我們不僅能加速享用熱騰騰的白飯，一年下來也可幫荷包省下六〇〇至七〇〇元。

電鍋省電妙招❸

插頭記得拔，以免自動保溫功能造成電力浪費

現在電鍋多設計成插上插頭就具有保溫功能，但你知道光保溫一小時也會消耗四〇瓦（W）的電力嗎？若你懶到不願意動動手指拔插頭，整整一個月扣掉每天一小時煮飯時間，電鍋就會燒掉你一三八元了。

節能小知識

電鍋省電招式還有……

❶買合適大小

四口之家建議購買8～10人份電鍋，單身貴族、小資族以4～6人份為宜

❷選購有節能標章的電鍋（請參考184頁）

❷隱藏版吃電怪獸

第⑸名　微波爐

微波爐功能多樣，解凍、加熱、烹煮樣樣難不倒，許多人靠它解決吃飯大事。一般常見微波爐功率約莫七〇〇至九〇〇瓦（W），等同於一台小型冷氣，因使用頻率頗頻繁，用電量也不容小覷。讓我們一同來學學省時又節電的使用法吧！

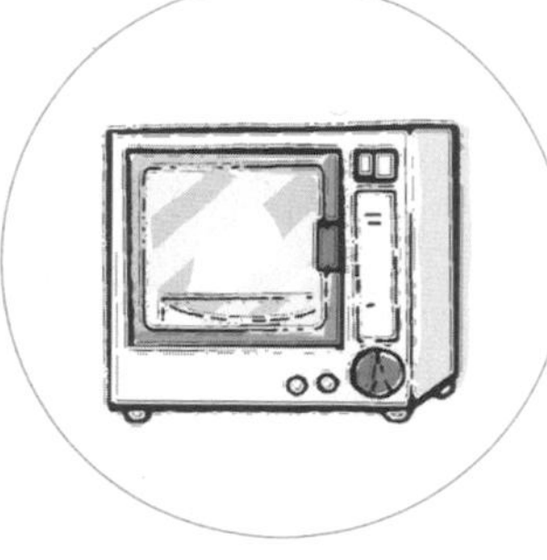

微波爐省電妙招❶

抓對加熱時間一次到位，不要反反覆覆加熱

使用微波爐加熱，你都怎麼抓加熱時間？隨興、憑印象，還是參考使用說明？提醒你，包括微波爐在內，諸多家電啟動時的耗電量最大，想要省錢使用微波爐，就該避免「停機拿出來翻翻再繼續加熱」

的過程，不論加熱、解凍，最好一次搞定、一次到位。

建議可以這麼做：❶**參考各種烹煮設定值**。既然都已經精算好了，何必自找麻煩自行設定呢?! ❷**加熱菜餚分量別過大**。料理的食物分量過大，不僅加重微波爐負擔造成費電，也容易導致加熱不均，出現菜餚上層過熱、下層卻還處於生冷的狀態。

微波爐省電妙招❷

烹調前先在食物表面噴灑少許水，留住美味留住鈔票

功能多樣、烹調迅速的微波爐可說是現代人的救星，只不過，用其料理的食物口感不佳一直為人所詬病。其實，只要了解微波爐的運作原理，這問題就有得解了！

微波爐是以極超短波加熱（一秒振動二四億五〇〇〇萬次），讓食物內的分子間相互碰撞，瞬間生熱，達到料理目的。所以，烹調前在食物表面噴灑少許的水，能縮短加熱時間，同時也可減少食材水分蒸發，封住食物美味與口感！

Tip

該買烤箱還是微波爐？

若從省電角度來衡量，兩者差異不大。實際上，烤箱與微波加熱、烹調方式不同，表現效果也不同，購買時還是要看個人需求性。若要追求單一功能極致化，例如烘培熱愛者，那麼建議選購烤箱。若只是應付日常使用，微波爐應該就夠用了。當然若預算夠，也可選擇具烤箱功能的微波爐。

❷隱藏版吃電怪獸

第⑹名 烤箱

以往提及烤箱，一般人直覺聯想不外乎用來烘烤土司、麵包、精緻西式糕點等，不過現在的烤箱越來越萬能，煮、煎、烤、蒸什麼都能做，深受大眾喜愛。家庭用烤箱消耗電力不亞於小型冷氣，雖然披掛上陣頻率較低，但還是要學會省電用法，才能節能又省荷包。

烤箱省電妙招

留住烤箱溫度是省電用法第一要素

烤箱放哪裡很重要，建議千萬別放窗邊，那會讓溫度不斷流失，不僅影響烹飪效果，也易加重烤

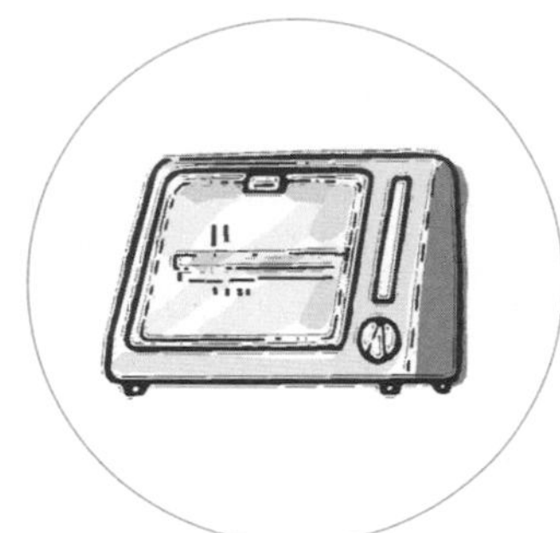

箱負擔耗費電力。另外，選購合格的烤箱也是省電基本要素，一定要挑選貼有經濟部標準檢驗局所認證的合格標章（請參考一八五頁）烤箱，以免買到問題機種，耗電又不好用，就真的是吃電怪獸了。

❷隱藏版吃電怪獸

第⑺名 電磁爐

電磁爐就像是移動廚房，到哪都可以開火，加上它不需要火只需要電，比瓦斯爐安全多了，深受小資族、租屋族以及火鍋族的青睞。不過電磁爐消耗的電力可不低，火力全開的話，一個小時就用掉一度電以上，是家中隱藏版的吃電怪獸。享受它所帶來的便利性時，也該學學怎麼節能使用。

電磁爐省電妙招❶

挑鍋電磁爐要使用金屬鍋具

電磁爐雖然是烹飪器材，但使用時本身並不會發熱，它是藉由感應電流對鍋具進行加熱，達到烹煮目的，因此烹煮器具要選擇具備導磁性的材質，例如鐵鍋、特殊不鏽鋼、鐵烤琺瑯等平底鍋具，陶瓷和鋁合金材質就要看鍋具底部是否有小磁石，或特別設計為導磁材質。

市面上有廠商推出新功能電磁爐，強調「不挑鍋」，鐵、鋁、銅鍋具都可使用，正想添購電磁爐的消費者不妨考慮。總結來說，若家中電磁爐非新款，通常都是挑鍋的！

電磁爐省電妙招❷

清空周圍，別讓閒雜物堵住排氣口

電磁爐底殼有方便散熱的排氣口，若排氣不順，容易造成加熱不易甚至壞掉的可能，兩者都會產生額外的支出。若想省電又省錢，使用的時候要記得清空周圍，防止閒雜物堵住排氣口，另外，也請定期清理排氣口。

省錢比一比｜電磁爐、卡式瓦斯爐

	價格	火力	料理多變性	省錢
電磁爐	略高（約 1000～2000 元）			勝（每小時約 5 元）
卡式瓦斯爐	較低（約 400～800 元）	勝	勝	（每小時約 10～20 元）

Tip

電磁爐宜單獨使用一個插座，以免跳電

電磁爐使用方便，加熱快且沒有火，比瓦斯爐安全性更高，很適合租屋族使用。不過特別提醒，電磁爐耗電量大，適合獨自使用一個專用插座，千萬別讓它和其他電器共用插座，以免造成跳電！另外，電壓三孔二二〇伏特（V）會比二孔一一〇伏特（V）來得安全。除此之外，目前市售電磁爐多有過熱保護裝置，若有開關，請千萬別關閉。

❸能省就省小幫手

第(1)名　除濕機

除濕機所耗電力雖然不比諸多電器多，一般才二〇〇多瓦，算起來使用四小時才消耗一度電，換算成台幣也不過五元左右。但台灣陰雨綿綿的時間不算短，喜愛潮濕環境的黴菌躲在暗處伺機而動，一下造成家具、衣物受損發霉；一下落腳在人體上，害我們得到香港腳；一下附著在食物上，引起食物中毒；一下瀰漫於空氣中，引起過敏反應……，若不出動除濕機，我們似乎註定在這場大戰中落敗，因此，學會節電使用除濕機，不僅可以省下不少費用，還能保住健康。

除濕機省電妙招❶

按照空間、居家濕度來挑選除濕機

家裡濕氣太重不僅讓人不舒爽，東西也特別容易發霉，的確需要一台除濕機。不過，除濕機和冷氣一樣，並不是越大越好，買過大只會耗費多餘電力，買過小恐怕除濕力不足。除濕機該怎麼選呢？第一步先按照空間大小來挑選。建議：

除濕機大小（公升）：坪數＝1：1

也就是說六坪空間，挑選六公升最理想。**再來，則進一步考慮環境濕度**，環境濕度高（如靠山區）選擇除濕力強，環境濕度略低，則可選擇除濕力相對小點的機種。

提醒大家，購買除濕機時請注意參考能源效率分級標示（請參考一八三頁）中的「能源因數值（EER）」。該數據代表每消耗一度電，所產生的除濕水量。數值越大，代表除濕效率越好越省電。此外，等級標示也要參考，根據計算，第一級較第五級商品約省二八%的耗電量！**最後，建議可以買具濕度控制功能的除濕機**，它可以讓室內濕度維持在舒適的程度，不會除濕到底反而乾過頭，省電節能又顧荷包。

除濕機省電妙招❷

使用時門窗緊閉，並最好距離牆壁30公分

進行除濕的時候，一定要把房門關好，千萬不要再開開關關，每開一次門，空氣濕度又會增加。

另外，注意除濕機使用時候的位置，靠牆壁太近時，進氣與排出口可能發生阻塞，空氣循環路徑不通暢，除濕機無法發揮該有效果，除濕力減弱，工作時間拉長，所耗的電力就增加了。建議使用時，背面最好距離牆壁三十公分。

除濕機省電妙招❸

除濕順便乾衣，一舉兩得

除濕機除了是照顧健康的小幫手之外，也是乾衣小幫手。尤其面對陰雨霏霏的時節，邊除濕順便乾衣，可謂一石二鳥之計，很推薦大家多多使用。

除濕機乾衣法簡單不麻煩，直接將衣物連同衣架，一件件掛在活動衣架桿上，放置在房間任一處（建議不要貼著牆壁），接著按正常除濕流程，打開除濕機並關閉門窗即可。不過，建議衣服最好脫水後先晾一下，不要直接搬到房間進行乾衣，否則恐怕效果較差。

另外特別提醒，部分市售除濕機具有貼心的濕度控制功能，設計的本意是讓除濕機在到達最適當的濕度時，自動停止除濕，不僅避免耗電也更安全舒適。但**若想要順便乾衣，則務必暫時取消濕度控制功能設定，讓除濕機能繼續運作。**

節能小知識

除濕機省電招式還有……

❶每天清理儲水箱

清理水箱是維持除濕機效能的重要動作，絕對不能偷懶，水箱中的水若不倒掉，可能會導致冷凝管出現結霜現象，影響除濕能力。更嚴重者，曾有案例是水溢出來。因此強烈呼籲，無論水箱水量多少，最好養成每天清理的好習慣。

❷每 2 星期清洗濾網

除濕機和冷氣機一樣，空氣有進有出，存在於空氣中的灰塵、髒物會卡在濾網上，因此，在頻繁使用除濕機時，建議每 2 個星期清洗 1 次濾網。當然，使用頻率降低，定期清理的時間就可拉長。

❸使用定時器

若家中除濕機不具備濕度控制功能，只要一啟動除濕機，就一路除濕到底甚至過頭，那麼不妨搭配定時器使用，將除濕時間控制在 3 ～ 4 小時。

小資族看過來

除濕時，避免和除濕機共處一室

若除濕機不具備濕度控制功能，除濕恐怕會造成身體黏膜、眼睛乾澀不舒服，租屋族尤其要注意，除濕時避免和除濕機共處一室！

節能專家教你這樣省

該買獨立的除濕機，或直接使用冷氣的除濕功能？

實際上，開冷氣就等於除濕，使用時冷氣機會一直有水分排出就是除濕的最佳說明。因此，一般狀況下直接使用冷氣的除濕功能是OK的，若環境實在太過潮濕，再考慮另行購買除濕機。

❸能省就省小幫手

第(2)名 電扇

說到涼夏好用的省電物品，「電扇」絕對是多數人的口袋名單。的確，電扇吹一個小時只需耗電五〇至七〇瓦（W），冷氣是它的三十、四十倍以上，確實省很大！電扇的好處還不只如此，好好善用它，連同吹冷氣的費用也能省下一些呢！想知道如何讓電扇搖身一變成為省錢小幫手，就快往下翻閱吧！

電扇省電妙招❶

用坪數來決定電扇大小，並挑選葉片大者

不知道你有沒有注意過，電扇前方和後方的氣流是不一樣的？有空時做個小小實驗，拿一張衛生紙分別放置電扇前、後方，你將發現放置於電扇前方時，衛生紙會被吹向遠方；但若置於電扇後方，則會緊緊吸附不會被吹開。這是因為目前市售葉片式電扇，主要的設計是將空氣往前吹，電扇開啟轉動後，扇葉後方會產生低氣壓，而這低氣壓會使得空氣流向氣壓較高那一方，因此能讓空氣產生循環。

「促進空氣循環」正是電扇成為消暑利器的主因。坦白說，**有時候待在室內感到悶熱，並不是因為氣溫太高，而是空氣不流通所致，這時候我們只需要電扇來增加空氣對流，就可以趕走悶熱。**

俗話說「工欲善其事，必先利其器」，雖然任一電扇都具有促進空氣循環的功能，但若能按空間大小（坪數）來挑選電扇的大小，不僅能把錢花在刀口上，同時也能提高風扇工作效率，一舉數得。**一般建議，在客廳等大面積環境，可挑選十四吋以上的立扇，書房、主臥等較小面積環境，可挑選十至十二吋左右的立扇。**另外，規格一樣的產品，建議選擇扇葉尺寸大者，正常狀況下，大一點的扇葉能推動多一點的風，在相同轉速下，小一點的扇葉若要推動同量的風，就得提高轉速，不僅噪音增加，電扇本身因馬達運作而產生的熱能也會增加。

變頻風扇比較省電

電扇啟動、切換速度時都會耗費比較多的電力，而變頻的設計恰好可以緩解頻率暴衝的情況，達到省電效果。一般來說，變頻風扇約可比傳統定頻電扇節省三〇%以上電力。

電扇省電妙招❷

多用風扇就可以降溫？No，開窗有對流才會涼

很多人對電扇有著錯誤的認知和期待，總以為它能扛下「降低室溫」的重擔，因此，會在室內各個角落擺上電風扇，在炎熱夏天同步啟動。實際上，電風扇本身並沒有改變溫度的功能，而是促進空氣對流，讓室內、室外溫度漸漸趨近相當，我們才會感到涼爽。如果**光吹風扇卻不開窗，悶熱空氣在室內循環，沒有冷熱交換，不管開啟再多的風扇，也只是白白浪費電而已。**

再者，傳統風扇主要用電力來驅動扇葉轉動，馬達運轉久了會生熱，好幾支電風扇一起開啟，恐怕只會讓室內更熱。且長時間使用，馬達過熱對風扇本身也不好。建議使用三小時，就讓電風扇休息十分鐘左右。

電風扇沒有改變溫度的功能，而是促進空氣對流。

總之，下次使用風扇時請記得開窗，讓空氣對流才能換來涼爽。另外，把**風扇置放於窗戶旁面朝內，加快冷空氣進入屋內的腳步，降溫效果也可以更好，電扇相對更省力**，大家不妨試試！

電扇省電妙招❸

善用電扇＋冷氣省最大，吊扇記得要反轉

想要讓冷氣在夏天發揮最大效益，**開冷氣的同時，也開啟電扇，並將電扇擺在冷氣受風處，這麼一來，室內空氣的循環更佳，冷氣所吹送出來的冷空氣，能飄得更遠，降溫速度自然更快，降溫效率當然更好。**而有了電扇這一得力助手來分擔降溫的重責大任，冷氣省點力我們就省點錢。

關於做法和原因，我在「冷氣」省電妙招❺中有詳細說明，讀者們可參考第七〇頁。目前市售電扇種類眾多，循環扇因為風力最集中，促進循環效果最佳，因此拿來搭配冷氣使用，效果優於其他種類電扇。

另外，有些家庭會在客廳安裝吊扇，吊扇的扇葉大，吹送面積也較大，確實是不錯的選擇。不過要特別注意，吊扇有正轉與反轉，適用時機不同喔！吊扇正轉（扇葉逆時針方向旋轉）時，風直直往下吹，站在下方會感覺涼爽，作用同電風扇；吊扇反轉（扇葉順時針方向旋轉）時，風往上吹，這時候吊扇彷彿化身為抽風機，會將熱氣吸往天花板聚集。

當開窗且希望吊扇提供涼風時，吊扇正轉即可；但當關窗欲搭配冷氣一起使用時，請記得將吊扇反轉，如此能加速冷熱空氣的交流，冷房速度更快！

> **Tip**
>
> **吊扇反轉前要先清理扇葉**
>
> 因為旋轉方向改變，原先累積在扇葉上方的灰塵，會隨著反向吹的風掉滿地，若不希望環境中瀰漫著灰塵，改變吊扇轉向前，務必記得先清理扇葉。

省錢比一比｜
立扇、無葉扇、大廈扇、
循環扇、水冷扇

種類	優點	缺點
立扇	出風量大	占空間
無葉扇	安全性高	出風量小
大廈扇	不占空間 安全性高	出風量小
循環扇	風力集中	風切聲音大
水冷扇	有冷房效果	出風量小

節能小知識

電扇省電招式還有……

❶定期清潔，避免風扇卡灰塵。
電扇使用一陣子後，扇葉很容易卡灰塵，灰塵會阻礙扇葉的轉動，影響風扇表現並加重電力負擔。建議大家根據使用說明書，定期清潔，讓風扇的風量、風速能維持高水準表現。

❷選用有節能標章的電扇（請參考 184 頁）

❸能省就省小幫手

第(3)名 電腦及周邊設備

現代人對電腦的依賴度極高，但你可知光是螢幕加主機，每天用五個小時，一年就有約莫一八二五元從口袋溜走？而且這還只是一般使用狀況，若你的電腦是用來打怪尋寶、看影片那就更耗電了。既然它和我們生活已經密不可分，當然有很多節能小撇步值得學習。

電腦省電妙招❶

認明節能標章、能源之星、80 PLUS

現代人對電腦的依賴很深，工作、寫報告、交作業、社交、購物……皆離不開它，角色這麼吃重，使用時間、頻率都高得嚇人，絕對可躋身耗電大戶之列，想要省電，從它下手準沒錯。

建議選購有節能標章（請參考一八四頁）的機種，此外，還有一些和電腦周邊相關的節能標誌，例如「能源之星」、「80 PLUS」（請參考一八四頁），它們分別是省電電腦螢幕和省電電源器的代言人，大家都應該認識，尤其是「能源之星」一定牢記，畢竟在電腦眾多配備中，螢幕的耗電名列前茅，省電從這裡著手準沒錯。

電腦省電妙招❷

不用時，就關機吧！

你知道嗎？桌上型電腦不使用就這麼開著，一小時也要耗電一〇〇瓦（W），持續十小時就耗掉一度電五元新台幣，換句話說，只要每天多關機一小時，一年就可以省下約莫一八三元！

電腦省電妙招❸

有些程式會默默吃資源耗電，未用到的程式請關閉

許多程式在灌入電腦時，會「自動地」設定在「啟動時開啟程式」，於是每次啟動電腦，這些應用程式也跟著執行，不僅拖垮電腦速度，也相對耗電。建議大家找出這些未用到的程式並關閉它們吧！不同作業系統處理方式不同。以windows7為例，可以透過微軟提供的「AutoRuns」來檢查，或者按「開始」並於搜尋列上輸入「msconfig」，開啟系統設定視窗後進入「啟動」，取消用不著程式的勾選。

節能專家教你這樣省

筆電比桌機更省電

桌機的設備多，的確比筆電來得耗電，不過其優點是效能好、價格低。而筆電的設計本身就考慮到續航力問題，因此省電是基本規格，若不在乎擴充性，不妨考慮讓筆電替代桌機。

節能小知識

電腦省電招式還有……

❶螢幕夠大就好，越大越燒錢

目前主流螢幕大小約 19 ～ 23 吋，雖然大螢幕看起來很過癮，但螢幕越大不僅購買成本高，電費也耗得較多。一般建議觀賞距離起碼是螢幕對角線尺寸的 1.5 倍，打個比方來說，19 吋的螢幕起碼要有 72 公分的觀賞距離。若距離不夠，眼睛壓迫感較大，長期易疲勞。

❷適當降低螢幕亮度，越亮越花錢

電腦螢幕最暗與最亮耗電可達 2 倍之多。當然，將螢幕設定於最暗，對眼睛健康也不利。建議亮度與環境相當即可。

❸絕對要捨棄螢幕保護程式

螢幕保護程式有著美麗的名稱，但其實它並無法保護螢幕，頂多就是提供迷人的動態畫面予人觀賞。建議不需要畫面時，請直接關閉顯示器。

❹定期清潔散熱孔

電腦跑久了一定會發熱，熱氣若無法透過散熱孔排出，零件肯定會老化，效能也會大受影響。若希望電腦更有效率、更省電、更長壽，記得定期清潔散熱孔。

❺沒特別需求，用內建顯示晶片的主機板就好

主機中耗電量最大的就是顯示卡和處理器，實際上除非是視覺影像工作者或打電動需求，否則一般人選用內建顯示晶片的主機版即可，不需要另外安裝顯示卡，如此能省去一些耗電零件，當然電費也會較省。

電腦省電妙招❹

善用電源管理

善用電源管理功能是節能用電腦的第一步，以大家最熟悉的微軟作業系統為例，在控制台電源選項中就有「高效能」、「平衡」與「省電」三種模式可選擇。建議可以按照個人需求，勾選平衡或省電模式，讓電腦在未使用狀態下能定時關閉螢幕，並自動進入睡眠（待機狀態）或休眠（硬碟直接關閉）。根據測試，睡眠狀態中的電腦消耗電力在一〇瓦（W）以下，休眠則不到一瓦（W）。

電腦不用時就關機，最省電！

❸能省就省小幫手

第(4)名　手機／平板電腦

台灣人對行動裝置的熱愛位居亞洲之冠，根據調查，國人每天透過手機和平板收看訊息的時間達三．三小時！而諸多好用的APP，也讓手機多了行事曆、鬧鐘……等角色，成了現代人不可或缺的小幫手。但千萬別以為手機、平板用的是電池，和省電無關，不論是充電器、行動電源都需要用電，關於節電技巧，你絕對需要！

手機／平板省電妙招❶

啟動省電模式

隨著配備升級，不論是手機或平板，耗電量都越來越兇，但動不動就要接上充電插頭或用行動電源充電，也未免太惱人，所以拿到手機、平板的第一件事，就是啟動省電模式。

手機／平板省電妙招❷

螢幕太亮、太暗更耗電

你知道嗎？螢幕過亮或過暗對眼睛都不好！建議可以將螢幕亮度設定在「隨環境變化調整」，護眼、省錢，一舉數得！

手機／平板省電妙招❸

沒必要的應用程式、APP記得刪

安裝太多不必要的應用程式、APP等，不僅會吃掉資源也會影響手機的速度。應該定期將那些用不到的程式刪掉，才能節能。

手機／平板省電妙招❹

關掉動態桌布

動態桌布新奇有趣，但因為要「動態」顯示，所以每次打開螢幕，都會消耗掉很多電量，實在非必要啊！

手機／平板省電妙招❺

GPS、即時上傳、同步更新通通關掉

不可諱言，越來越多人選擇加入漫步在「雲端」的生活，GPS定位、即時上傳、同步更新等功能，的確為工作、生活帶來便利性，不過，隨持保持連線其實很耗電的，不如需要同步的時候再手動同步就好！

手機／平板省電妙招❻

關掉不需要的通知功能

你的手機平板通知列表總是一長串？雖然是好意提醒，但不斷接收通知，電池會很快消耗。不想頻繁充電，趕快關掉那些不需要的通知功能吧！

手機／平板省電妙招❼

善用省電軟體

想要省電就好好善用省電軟體，只要在APP商店中輸入「省電」兩個字，就可以找到很多省電軟體囉！

手機／平板省電妙招❽

不需要網路的時候，關掉它

開啟網路時，手機就必須不斷搜尋周圍訊號，以維持連線，不用多說，這當然耗電。在「只需要手機電腦，不需要網路」的時刻，請記得關掉網路連線，或者直接點選「飛航模式」也可以，如此一來，電力續航力可增加二至三倍。

手機／平板省電妙招❾

關閉觸控按鍵震動功能

「觸控按鍵震動功能」是很多手機、平板的原始設定，但其實每按一次就震動一次，也是頗耗電的，建議可以關閉這項功能。

手機／平板省電妙招❿

手機放桌面，比放口袋省電

相較於將手機、平板放桌上，放在口袋或包包中，會增加訊號連接時的耗電量，如同直線就是最短的距離之道理，打造一條訊號連接快速道路，手機、平板用電量自然較省。

> **Tip**
>
> **手機、平板快沒電了再充就好**
>
> 現在電池多使用鋰電池，不需要時時插著充電或定期放電來維持最高充電量，建議一般狀態電池掉到三〇％左右再充電就可以了。反倒是有一點要特別提醒讀者，別養成插電玩遊戲、講手機的壞習慣，如此手機容易發燙，反而會造成電池加速老化。

❸能省就省小幫手

第(5)名　衛浴排風機

排風機又稱為浴室換氣扇，雖然經常被安置於不起眼的天花板、牆壁上，但角色扮演是吃重的，畢竟浴室空氣流通就靠它。換句話說，衛浴排風機是打造完美衛浴空間的靈魂，是幫我們賺健康的電器小幫手。雖然排風機消耗的電力在眾多家電中算小咖，不過還是要掌握使用訣竅，才能兼顧荷包與健康。

衛浴排風機省電妙招❶

挑選風量大且安靜的最好

市售家庭用排風機尺寸大概有幾種，品牌不同排風量、靜音值、耗電量各異，消耗電力範圍約在一〇至三〇瓦（W）之間，嚴格說來差異不大。排風機是維持浴室環境乾燥、氣味清新的功臣，挑選時建議從風量、音量著手。

排風機風量多用每小時立方公尺（m³／hr）來標示，例如九〇 m³／hr，代表排風機一小時換氣風量是九〇立方公尺，原則上，數字越大代表排風機風量越強，一樣瓦數，風量越大效能越好，相對省電。音量多用分貝（dB）表示，dB越低越安靜，排風機運作時才不惱人。最後，目前市面上品牌眾多，選擇貼有節能標章，能源效率比國家認證標準高一〇至五〇%的機種，絕對不會錯。

衛浴排風機省電妙招❷

獨立一個開關，別和電燈綁一起

沐浴後，浴室總是濕答答，放任不管，天花板、牆壁肯定成為黴菌滋生的天堂；上完廁所後，臭味縈繞實在讓人吃不消，因此，浴室的排風設備是不可少的。

很多人家中的設備是**浴室電燈開關和排風機綁在一塊**，但這並不理想，**因為洗完澡後還是要排風，電燈無法關閉，就成了耗電殺手。**若為了省電，在沐浴後即關閉排風機，又會使得濕氣、穢氣無法有效排至屋外。為了兼顧節能與健康，個人建議應將兩者開關分開。倘若木已成舟，建議不妨花點小錢，請水電行師傅將兩者分開，將排風扇電線接成獨立迴路及開關，可能的話，可再加裝小型定時開關，設定沐浴完畢關掉電燈後，排風機繼續排風。

建議每天起碼讓排風機工作四小時，若家中浴室沒有窗戶，一天開五至六小時都OK。若因環境條件無法分開電燈與排風機，則建議沐浴後隨手使用刮刀、拖把等，迅速維持浴室乾燥。至於排風機則視狀況調整成二至三小時，別擔心耗電問題，排風機耗電量低，花小錢換健康很值得！特別提醒，**使用排風機就是為了讓浴室的空氣快速流通，使瀰漫在浴室的臭味、水氣消失，因此一定要記得緊閉浴室門窗，效果才會好。**

浴室沒有通風口也沒排風機，怎麼辦？

租屋族若碰到住處沒有排風機、通風口，請別猶豫，馬上請水電師傅增設排風機與排風管，將室內潮濕與臭味空氣排至室外。否則居住環境太差，長期對健康是種負擔，省錢之餘也該顧健康。

Tip

大樓、公寓頂樓排風口堵塞了嗎？

經個人輔導社區經驗，如發現浴室排風除濕效果較不佳，可能原因有三：❶未裝置防蚊蟲、蟑螂等動物進入開關，為避免昆蟲們藉由頂樓排風管道飛至室內，大樓住戶將排氣口堵塞，而影響排風效果。若有此情況，可請管委會將堵塞物清除。❷排風機與排氣軟管接頭脫落，排氣只排至浴室天花板，無法藉管道間排至屋外。這時候只要藉梯子或較高椅子，打開浴室維修口，使用膠帶將脫落的部分固定住，即可解決問題。❸排氣機吸入口堵塞。因長期使用與環境較潮濕之故，吸入口易附著棉絮與灰塵，長期下來將堵住及影響吸入風量。建議抬頭看一看，如果排氣機的吸入口布滿黑色灰塵積在上面，請戴上口罩使用濕抹布清一清，你會發現排風效果馬上改善。

浴室排風扇越來越「多功」、「智慧」

隨著科技進步，浴室排風扇也越來越「多功」與「智慧」了，乾燥、暖房、換氣一應俱全，除了能響應節能，讓浴室燈具與排風扇分別開關之外，同時具備了排風定時、冬天盥洗前預熱及盥洗後乾燥功能，提供浴室溫暖、乾燥的環境。

4 特別版吃電怪獸

第(1)名 烘衣機

烘衣機對於濕冷的冬天而言，其重要性可比擬夏天的冷氣。在寒風刺骨的冬天，能穿上暖烘烘的衣服，無疑是生活中的小確幸啊！不過，烘衣機的消耗電力隨便都破千，洗衣六小時的電費和烘衣機運轉一小時約莫相當，是非常驚人的吃電怪獸。雖然，不見得每個家庭都有烘衣機；雖然，即便有烘衣機，烘衣也不像洗衣功能這麼常使用，但只要烘衣機在你家現形、只要你會使用烘衣功能，就不能不注意、不能不用心！

烘衣機省電妙招 1

選擇恰當的大小

一般家庭購買烘衣機，不外乎兩個原因，一是解決多雨潮濕的日子，衣服怎麼晾也晾不乾，甚至飄出霉味的問題；二是用金錢換輕鬆，省去晾衣、收衣的麻煩。尤其在外頭打了一天的仗，回到家早就筋疲力盡，這時如果能輕鬆閒散地等著收乾衣服，多好啊！

有鑑於此，烘衣機的大小就顯得很重要了，那麼應該挑多大容量的烘衣機，才能避免過大耗電、過小效率太差的窘境呢？四口之家建議挑選五至七公升即夠用。雖然，大容量的烘衣機可以在較短的時間內將衣物烘乾，但大容量不僅僅意味著耗電，購入成本也高，建議選擇恰當大小就好。

烘衣機省電妙招❷

烘衣前先脫水、洗完衣服先風乾

烘衣機主要用意是加快衣服乾燥的過程，不論是手洗或機器洗淨衣物，放入烘衣機前要先脫水，再從洗衣袋內拿出攤開來烘，否則易有烘不乾的情形。我理解，有些人之所以使用烘衣機，就是貪圖省卻晾衣收衣的麻煩，但在這裡還是必須說，若想要再省電省錢一點，能先晾再烘會更好。

經個人實際測試，只脫水的衣物需要一小時以上烘乾時間，若風乾一天則烘乾時間縮短一半，**若能風乾個幾天，烘乾時間只需十分鐘左右**。

烘衣機省電妙招❸

正確烘衣，別直接烘到乾，已烘乾衣服先拿出來

雖然，把衣服送進烘衣機後，只需要動用一根手指，按下「開始」就可搞定一切，比起徒手晾乾衣物來說，再輕鬆不過，但若希望學會正確且節能使用烘衣機的方法，以下二大步驟不能省！

Step ①衣服分類

先分清楚什麼衣服可以烘、什麼衣服不能烘。一般而言，**真皮、蠶絲、麻紗、純羊毛、排汗衣（gore-tex）等材質的衣服，建議不要烘乾**，以免

節能小知識

烘衣機省電招式還有……

❶烘衣時扣子、拉鍊記得打開

洗衣時為了防止衣服變形，一般建議扣子扣上、拉鍊拉上，但烘衣剛好相反，打開可以減少衣物重疊的面積，縮短烘乾時間，效果加倍又省錢喔！

❷不要一次塞滿

衣服塞太滿，烘衣機內部沒有足夠的空間讓熱氣循環，烘衣效率只會更差不會更好，一般建議最多 8 分滿就好了。

❸烘衣前將濾網內的棉絮雜質清除乾淨

如果是普通的烘衣機，使用一陣子後，進風和出風口都會有棉絮囤積，一定要定期清理，以維持烘衣的效率，效率不佳不僅耗電又傷機器。倘若是洗脫烘型洗衣機，烘衣後則要清理濾網。

❹選用有節能標章的烘衣機（請參考 184 頁）

節能專家教你這樣省

該選烘衣機或洗脫烘衣機？

有烘衣需求的人十之八九都會夾在「烘衣機」和「洗脫烘衣機」間，進退維谷。兩個方案各有優缺點，當然也就各有擁護者。我建議還是要從需求性、環境條件來考慮。

一般有烘衣機需求者，多半是因為陽台空間不足，洗衣烘衣機分開買，擺放時不是排排站就是疊疊樂，都需要大空間，得先考量可不可行，若無法就只能選擇洗脫烘衣機。另外，若追求方便度，懶得將衣服搬來搬去，那麼洗脫烘是很好的選擇；若相當注重烘衣時間、追求效率，則烘衣機另外採購較為合適。

衣物脆化、縮水。建議大家使用烘衣機前，先行翻閱使用說明書，手冊中對於這些訊息會有詳細說明。

Step ②已烘乾衣服先拿出來

不同材質所需烘乾時間不同，把已經烘乾的衣服拿出來，既可騰出更多空間，讓剩餘衣物更能舒展，烘衣效率更為提升且省電，又可保護衣服延長壽命。**建議烘衣一半時，先將化學纖維材質衣物取出，再繼續烘乾其他衣物。特別提醒，一般棉T、線衫多沒做過預縮處理，最好也要先取出**，而做過預縮處裡的棉質襯衫、褲子、襪子等，就可放心一路烘到底。

烘衣機省電妙招❹

烘衣時放一條乾毛巾一起烘

烘衣量較大，或者較多厚重衣物時，建議大家不妨把一條乾毛巾或浴巾（越大越好）放入烘衣機內一起烘。為什麼要這樣做呢？因為毛巾吸水性好又易乾，烘衣時可以幫忙加速衣物乾燥，縮短烘衣所需時間。

小資族看過來

最經濟乾衣術——善用電風扇、除濕機、毛巾

在外租屋難免碰上些許不便，例如明明窗外太陽正猖狂，但偏偏採光不好，陽光灑落不到住處；又或者陰雨霏霏，陽台又太小，衣服怎麼曬也曬不乾，這時，不妨試試最經濟的乾衣術，省錢又解除煩惱。

夏天時，衣服脫水後馬上取出並抖一抖，接著掛上活動衣架，用電風扇對著衣物，吹一吹很快就乾了；冬天時就換除濕機上場，一邊除濕還能一邊乾衣（詳細做法請參考106頁）。

除了上述兩種電器之外，還有一個乾衣利器就是毛巾。這個乾衣術尤其適合出差族使用。貼身衣物洗好之後，鋪上一條毛巾，將兩者緊實捲起，利用毛巾來吸收衣服上的水分與濕氣，比徒手擰乾效果好上幾倍，反覆幾次物盡其用後，再將衣物掛起晾乾，不僅省力又快乾！

❹特別版吃電怪獸

第(1)名　電熱水器

別懷疑，電熱水器和烘衣機一樣，並列家庭吃電怪獸第一名，因為它的耗電功率動輒超過數瓩。以常見的一〇瓩（kW）來看，冷氣也才不過是它的零頭。根據測試，洗澡六分鐘就要一度電，倘若悠哉洗了快三十分鐘，就洗掉五度電，一個星期下來，所花電費相當驚人，正因為它這麼燒錢，當然得知道該怎麼省錢使用。

電熱水器省電妙招❶
選擇合適大小，兼顧舒適與荷包

洗澡最怕洗到半途沒熱水，挑選電熱水器時，應該以家庭人數為主要考量依據。一般抓男生洗澡需五〇至六〇公升，女生需六〇至七〇公升的水，因此，建議一家四口兩大兩小，以挑選六〇至一〇〇公升以上的電熱水器為宜。

電熱水器省電妙招❷
夏天設定37至40℃，冬天設定42至45℃

電熱水器的加溫溫度應該要按照季節調整，不同季節所需水溫不同，設定太高徒增耗電。建議夏季溫度可設在三七℃至四〇℃，冬天設定在四二℃至四五℃，既能舒適沐浴，又能節能。

電熱水器省電妙招❸
儲熱式電熱水器洗澡之前再開

電熱水器按熱水製造原理以及體型大小，分為「儲熱式」和「瞬熱式」兩種。儲熱式電熱水器如同大型電熱水瓶，加熱方式是在內桶注滿冷水，以電能加熱至一定溫度後保溫備用，體積較大。瞬熱式電熱水器則是冷水經由加熱管瞬間加熱後流出，體積較小。

儲熱式電熱水器為了常保水溫，水溫一下降，電熱水器便會自動加熱，若家中使用的是此類型電熱水器，為避免成天反覆加熱浪費電，建議洗澡前三十分鐘再開啟，沐浴完畢後，記得關閉電熱水器總電源。

Tip

電熱水器省電招式還有……

❶選購節能標章的電熱水器（請參考一八四頁）

❷設計不良的電器品，易有耗電問題，並容易發生危險。不想挑到地雷電熱水器，最基本的要求就是選購有合格標章的機種。

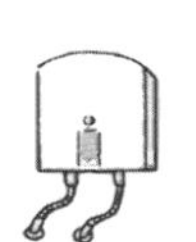

省錢比一比｜電熱水器、瓦斯熱水器

種類	成本／消耗功率或瓦斯量	沐浴費用（低→高）
瞬熱式電熱水器	5 度電，約 25 元／ 9900W	第❹名
儲熱式電熱水器	2 度電，約 10 元／ 4000W	第❸名
天然瓦斯熱水器	0.15 度瓦斯，約 3 元／ 16 公斤容量	第❶名
桶裝瓦斯熱水器	0.15 公斤瓦斯，約 7.5 元／ 20 公斤容量	第❷名

說明：以使用 30 分鐘用電或瓦斯，電費以每度 5 元，天然瓦斯每度以 20 元，桶裝瓦斯以每公斤 50 元計算之費用比較

環境篇

如何打造冬暖夏涼的住家

居家環境通風不西曬，自然省

你有過類似經驗嗎？即使開了窗，好像也沒什麼風吹進來，室內還是像個大悶鍋般，令人非常不舒服。其實讓我們感到不耐的「悶熱」，有時並非是氣溫飆高，單純就是室內空氣不流通罷了。若能讓房子通風點，就能大大降低想開風扇、開冷氣的慾望，省下一筆電費，自然也不在話下。

通風妙招❶

打造通風的路線，窗戶要開對

窗外的風若能在家中來去自如，我們就會感到涼爽，因此首要之務就是找出家中每個空間的進風口與出風口，有進有出才能通風。一般來說，建案在設計之初都會進行風場模擬，屋齡短的房子不至於出現通風不良問題，但屋齡長的舊房子，就比較難說了。

雖然地理課本告訴我們台灣夏天吹西南季風，冬天吹東北季風，但你家中的風向受到諸多因素影響，可不一定遵循這路線。想知道家中的通風路徑，可以試試：①看窗簾搖擺方向，②拿張小紙片到窗

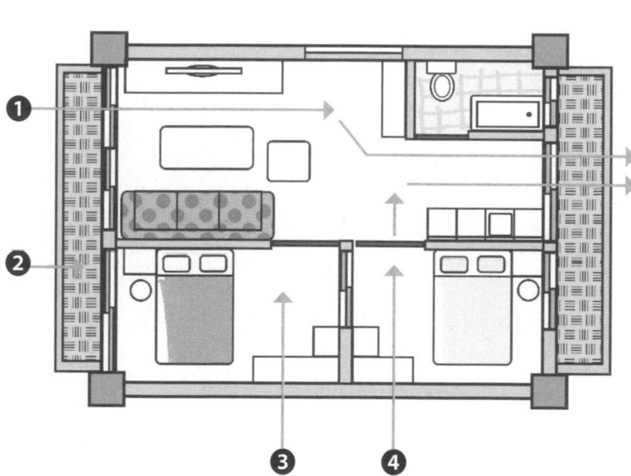

風有進有出，室內才能散熱

口，放開後觀察紙片往內或往外飛，往內代表進風口，往外代表出風口。希望維持室內涼爽，就要開對窗，讓風有進有出。

以一般家庭三房二廳格局為例，客廳及房間因通風狀況良好，傍晚時刻只開窗通風半小時至一小時，便可將白天室內所吸收熱量，藉由通風交換至屋外。以我家位於西南面大樓為例(見一二五頁圖)，夏天吹西南風，較低冷風由❶號客廳、❷號陽台、❸至❹號客房吹進，最後在陽台吹出，因此傍晚，我會將客廳、客房、陽台的窗戶打開，讓室內熱氣能順利經餐廳、廚房及陽台帶至室外，有效降低室內溫度，並將室內髒空氣帶至室外。

Tip

最理想的風口位置

最理想的狀態是風口位置呈一直線，若互為斜角更好，因為這樣風吹距離最遠，通風效果最好。不過在寸土寸金的都會區，就別強求了，風有進有出即可。

科技新知

來到英國倫敦南方的貝丁頓，無人不被屋頂上那五彩繽紛的彩色風帽給吸引，這個彷彿從童話故事中走出來的社區，就是英國貝丁頓零耗能綠房子（BedZED）。

一頂頂吸睛的彩色風帽，實際上是能自然通風的煙囪，它利用溫差對流的原理而得以旋轉，能將高溫、污濁的室內空氣排出，同時吸入來自四面八方的新鮮空氣。不僅如此，屋頂傾斜的部分還鋪著太陽能板。太陽能板在吸收日光後，提供全熱交換器的動力，使其發揮降溫與除濕的功能，讓室外溫度30～32℃、相對濕度80～90％的新鮮空氣，化身為25～26℃、相對濕度60～70％的空氣進入室內，這麼一來，室內就能維持涼爽又乾燥的舒適環境。

通風妙招❷

利用風扇、吊扇解決悶熱問題

希望藉由通風來降低溫度，空氣是否流通是關鍵。平常可以多利用風扇、吊扇來加強室內的空氣流通，解決悶熱問題。

通風妙招❸

裝一台抽風機或換氣機吧！

都會區高樓大廈林立，有時候棟距太近，即便室內有風口也是枉然，因為自然風根本吹不進來。若希望引進清新宜人的自然風，不妨借助抽風機或換氣機。

通風妙招❹

別讓大型廚具、家具擋住風！

實際上，一般建築師設計前會進行風場模擬，通風問題不大，但屋主裝潢後，反而容易因大型廚具、家具擋住了風的去路，影響空氣流動，屋內就會顯得悶熱、空氣品質不佳了。

小資族看過來

空間小又悶，讓抽風機來幫忙！

租屋處若空間小且悶，建議可以在窗上加裝抽風機。懶得 DIY，找個水電師傅就能解決你的問題。不過提醒，施工前別忘了先和房東確認，以免發生糾紛。

空氣不流通，小心屋內又悶又熱。

讓日光成為幫手而非幫兇

每到夏天，頂樓、西曬屋的屋主們總哀嚎遍野，這是因為掛西邊的太陽較毒辣且照射時間又長，導致室內溫度居高不下，於是只好讓冷氣火力全開，但追求短暫爽快的代價，就是得繳付高額電費。其實這一切都是可以改變的！只要掌握降熱訣竅，酷曬也能搖身變成溫暖，幫你揮別高額電費。

降熱妙招❶

頂樓鋪隔熱磚

經過一整天太陽熱情的轟炸，頂樓房間就像個火爐，該如何改善呢？其實只要利用隔熱磚，就能有效降熱嘍！

隔熱磚是一塊塊方型ＰＳ硬板，內部是高密度保力龍，外部則是橡膠磚面。鋪設方法非常簡易，可ＤＩＹ，就像拼貼地板墊一樣，一塊塊直接放在屋頂即可。一片半平方公尺，約莫只要一五〇至二五〇元左右，可撐十幾二十年，能有效隔絕太陽熱進入屋內，相當划算。

降熱妙招❷

用雙層窗戶夾百葉窗防西曬（外遮陽）

西曬的陽光強又熱，房子整個下午接受它的荼毒，到了晚上熱氣逐漸釋放，變成屋內的人受害，該怎麼辦呢？其實，房屋會熱就是因為缺乏遮蔽，

可在頂樓 DIY 鋪隔熱磚

只要加強遮蔽，西曬問題也能迎刃而解。建議可在原本窗框外再加一層窗戶，中間預留約十公分的距離，放置淺色百葉窗，葉片附近的空氣被太陽加熱後，熱空氣往上飄直接飄出窗外，不會進到室內，如此就能成功減輕西曬困擾了。

降熱妙招❸

善用百葉窗及隔熱窗簾（內遮陽）

若有預算上考量或條件上的限制，無法落實外遮陽，那麼也可以從內部補救，善用百葉窗及隔熱窗簾來遮陽。個人建議選購有九〇至九九％遮光效果的遮光布窗簾效果較顯著，除隔熱外，也可遮光線，還可提供更良好的睡眠品質。

降熱妙招❹

岩棉，西曬牆隔熱再進化

除了加強遮蔽，也可以改造牆面。台灣牆面多是散熱慢的混凝土結構，在接受了一整天的陽光洗禮後，到了晚上熱度慢慢釋放，經常導致室內比室外還要悶熱，想要解決這問題，不妨把重點擺在阻

Tip

外遮陽與內遮陽

遮蔽陽光的設施可以分成裝在室外與室內兩種，設置於外的稱為「外遮陽」，如外百葉窗、遮陽板；設置於內的稱為「內遮陽」，如窗簾、隔熱紙。

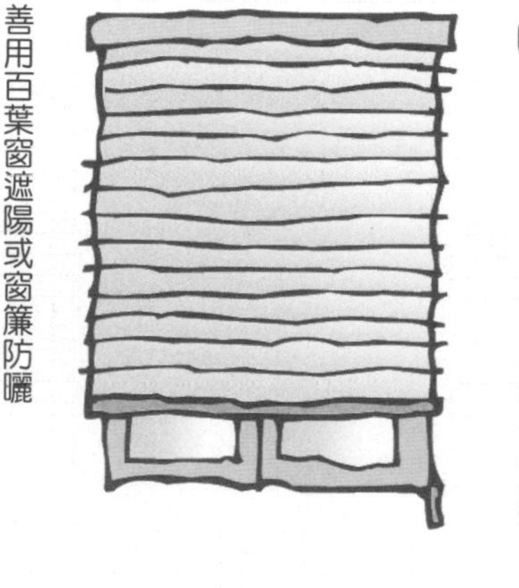

善用百葉窗遮陽或窗簾防曬

止牆壁傳熱。

根據專家推薦，目前較省錢的做法是裁切木板，釘在混凝土牆上形成木板牆，中間填入岩棉。有意願的人，不妨尋求專家協助，雖然必須先從口袋掏錢，但卻能一勞永逸！

小資族看過來

用錫箔紙對抗難纏太陽！

對租屋族來說，錫箔紙、海報是對抗太陽、西曬問題的最佳利器，省錢又有一定效果。方法很簡單，只要將錫箔紙亮面朝外、面向太陽，貼在窗戶玻璃上，就可將太陽光反射掉，如此一來，室內溫度就不會上升的這麼快了。

降熱妙招5

書櫃擋日光，隔熱又防霉，一舉數得！

除了窗簾之外，大型家具也是阻擋日光的好幫手之一。最建議利用書櫃來阻擋日光了，這麼一來不僅隔熱，日光又能讓你的愛書遠離受潮發霉的命運，可謂兩全其美之計。特別提醒，記得書櫃和牆面之間留點空間，讓空氣流通喔！

Tip

涼感衣真的有用嗎？

涼感衣是目前抗酷暑熱門商品，廠商甚至喊出能降低體表溫度攝氏二至三℃的口號。其實涼感衣沒這麼神，但的確可以讓人舒爽點。市售涼感衣主要分為兩大類，一種是利用合成纖維特性，提升通風排汗效果，降低黏膩感；一種則是利用如棉、黏液縲縈等材質親水性特性，創造濕涼感。嚴格說來，只要衣服材質能排汗或吸濕，都適合夏天穿著，不一定非要涼感衣不可。

Ch5

省錢第3步，省水、省瓦斯的8大祕訣

想要省錢節能過生活，不能獨厚「省電」，省水、省瓦斯也同樣重要。而最聰明、便利的作法就是「從每天都會使用」的地方下手。在本章中，我將傳授省水、省瓦斯祕訣，讓大家省錢省得更有感，同時也為我們的地球保留更多資源。

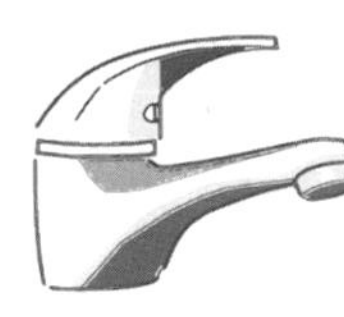

省水篇——人人都能輕鬆做到的省水妙招

一般家庭用水可分為廚房用水、浴室用水以及洗衣用水三大類。很多人認為自己平常用水已經相當精省了，但事實真的是這樣嗎？

首先，我們先來看看廚房用水。你知道洗一個碗、一雙筷子、一個盤子會用掉多少水嗎？保守估計，大概要用掉五瓶礦泉水（常見六〇〇毫升寶特瓶裝）的水量。有沒有嚇一跳呢？倘若你是個完美主義者，非得把餐具洗得光可鑑人，那麼用掉的水，恐怕就更可觀了。

再來談談浴室用水。浴室用水向來是家庭用水量第一名，沖馬桶、刷牙洗臉、洗澡……都在這裡進行。馬桶輕輕按一下，十二公升的水就不見了；水龍頭打開一分鐘，一樣會流掉十二公升的水，光是這兩個動作，你就用掉二十瓶礦泉水。

最後，再來看看洗衣用水。現代家庭用水量中，洗衣用水其實也不容小覷。洗衣機運轉一次，就要用掉一五〇到二〇〇公升以上的水（以十五公斤洗衣機採標準行程為例）。根據調查，洗衣用水約占家庭用水的二三%。而人口眾多、習慣天天洗衣的家庭，洗衣機一天可能要運轉一到二次，就算你一周只洗一次衣，還是大量用水的狀態。因此，不論是廚房、浴室還是洗衣用水，你每天所用掉的水量，是不是比你想像中的要多得多呢？

雖然和電費相比，水費只能算是小兒科。但就算花費不算多，也別小看它。所謂集腋成裘，經年累積下來，也是一筆不小的花費。再者，對每年都要鬧水荒的台灣來說，站在節約能源的立場，學會如何省水，更是每個人都不能輕忽的問題。

省水小祕訣❶ 抓漏水很重要

根據多年經驗，我發現，家庭水費如果居高不下，或者突然暴漲，幕後凶手大多是「漏水」。想要抓漏水，建議大家可以從以下三點著手。

❶**觀察水表**。當你確認家中沒有用水，但水表的紅色三角型指針卻不停轉動，就代表家中有設備正在漏水。

❷**觀察水龍頭**。水龍頭關緊後若還會滴水，代表零件（防水墊片）該換了。你知道如果水龍頭不關緊，一滴一滴的漏水，一天會漏掉多少水嗎？答案是：三十公升，足以提供動作快的男性朋友洗一次戰鬥澡了。

❸**觀察馬桶**。在沒沖水的情況下，馬桶四周卻有水跑出來，就有問題囉！除此之外，你也可以在水箱內滴幾滴紅、藍墨水或是食用色素，五到十分鐘後若有紅、藍色水流出，就代表水箱該修理了。我建議可先檢查止水橡皮墊是否硬化、浮球是否破損、出水閥杯蓋是否異化或材質老化，才會導致水從杯蓋下漏出。幾年前，我因搬家緣故，約半年未曾使用家裡用水，但每期（兩個月）水費卻超過六〇〇元以上，最後揪出幕後凶手，原來是馬桶出水閥杯蓋材質老化，導致出水口氣密不完全而不斷漏水。所以，當你發現水費突然暴增，不妨在沖水後，豎起耳朵仔細聽聽是否有水聲，就能知道有無漏水問題。

Tip

定期更換水龍頭起泡頭

一般人沒事都不會特地去檢查水龍頭起泡頭（出水口）吧！要知道，經過長時間使用，起泡頭內的濾網極可能出現骯髒棉絮，就算沒打算使用省水閥、省水墊片，為了健康著想，建議大家要定期更換、清潔水龍頭起泡頭，以免長期與污水為伍。

省水小祕訣❷

控制洗澡時間

提到省水，相信很多讀者都會直覺想到「淋浴比盆浴省水」，其實，這句話有待商榷。對那些習慣洗戰鬥澡，每次洗澡只要三到五分鐘就能沐浴完畢的人來說，淋浴的確比盆浴省水；但對那些洗澡時東塗西抹，一會去角質、一會用沐浴球按摩全身的人來說，可就不是這麼一回事了。

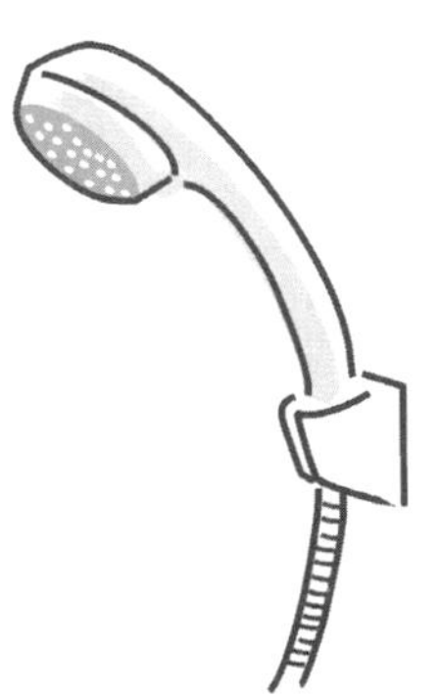

若以每分鐘出水量十公升的蓮蓬頭來計算，淋浴十分鐘的用水量，大概是一〇〇公升左右，相當單人泡澡桶的水量。如果洗得久些，花了二十五分鐘，那麼用水量約為二五〇公升，相當八分滿的家庭用浴缸了，盆浴的人都不見得會放這麼滿的水呢！可見到底是淋浴省水還是盆浴省水，得看個人的洗澡習慣而定。

因此，對想省水又習慣淋浴的人來說，建議盡量控制淋浴時間，若能在七分鐘以內洗完澡，是最好不過了。至於愛泡澡的人（女性朋友居多），建議可購買精巧單人泡澡桶。一般家庭用浴缸一六〇公分大，泡一次澡約莫要用掉二五〇至三〇〇公升的水，單人泡澡桶才一一〇公升，可立刻省下二分之一到三分之二的用水。此外，泡澡水別放太滿，約五、六分滿即可，否則溢出來的水都是浪費。至於泡澡後剩下來的水，記得要多加利用喔！

省水小祕訣❸

衣服累積一定量後再洗

根據經驗，洗衣次數過於頻繁是台灣人前三大用水問題。雖然說到洗衣，每個人都有自己一套洗衣哲學，不過如果想要洗得節能一點，建議調整洗衣習慣，先將換下來的衣物放置於透氣的洗衣籃內，等累積到八分滿時再一次清洗。因為你每洗一次衣服，就會用掉一五〇至二〇〇公升以上的水，若二天洗一次，一個月下來光是洗衣用水，你就用掉了二二五〇至三〇〇〇公升以上，挺驚人的。

另外，若待洗的衣物不是很髒，建議選擇快洗行程。快洗行程洗衣流程短，和標準流程比較起來，可以多省十公升的水。

省水小祕訣❹
選擇省水標章設備

想要省水，你一定要認識「省水標章」（請參考一八五頁），那是省水的最佳保證。有些人對貼有微笑標誌的器材有所疑慮，擔心廠商會不會為了省水，而疏忽其他功能，關於這一點，讀者大可放心。想成為省水器材得先通過「不影響原設計功能」的考驗，也就是馬桶要沖得乾淨、衣服要洗得乾淨……，所有功能絕對不能打折才行。以下介紹幾個常見的省水設備，供各位讀者參考：

●省水馬桶

傳統馬桶一次沖水量約十二公升，若平均一天解決一次「大事」、四次「小事」，就會用掉六○公升的水，等同於一○○罐寶特瓶的水量。**省水馬桶沖水一次只需六公升，現省五○%的水**，你一定會感受到期間的差異。市面販售的省水馬桶有二種：❶一段式省水馬桶，每回沖水量六公升；❷二段式省水馬桶，沖水量分別為六和三公升。若家中馬桶服役超過十五年，已如風中殘燭，就別撐了，快換成省水馬桶吧！

●省水蓮蓬頭

蓮蓬頭是決定淋浴用水量的關鍵，自然也是省水重點。**非省水型蓮蓬頭的出水量約莫一分鐘十五公升**，省水蓮蓬頭則是五至十公升，若淋浴一次十分鐘，省水蓮蓬頭起碼省了五○公升，短短兩天，省下來的水就能讓你泡一次熱呼呼的澡了！

●省水洗衣機

一般洗衣機洗淨每公斤衣物耗水量約為三○到四○公升，貼有省水標章的洗衣機，洗淨每公斤衣物耗水量小於二○公升，**比一般洗衣機少○・五到一倍的用水量**。此外，若省水洗衣機同時也通過節能考驗，貼有節能標章（請參考一八四頁），那就再好不過了。特別提醒大家，**在所有機型中，斜取式滾筒洗衣機的省水效果最棒，和傳統直立式相比較，省了五〇至六〇％的水！**

●省水水龍頭

非省水型水龍頭的出水量約莫一分鐘十二公升，省水水龍頭則約六到九公升，光使用一分鐘就省了三到六公升。想要知道家中水龍頭是否為省水水龍

一般水龍頭 VS. 省水水龍頭用水量比較圖

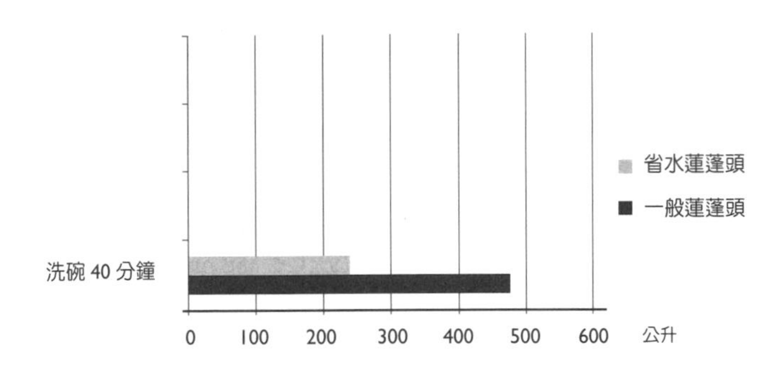

一般馬桶 VS. 省水馬桶用水量比較圖

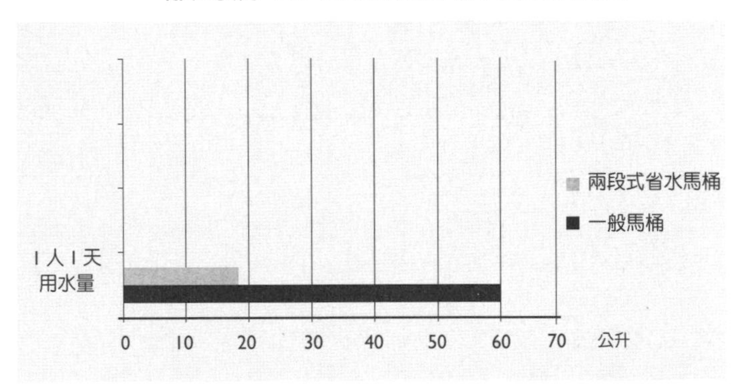

一般蓮蓬頭 VS. 省水蓮蓬頭用水量比較圖

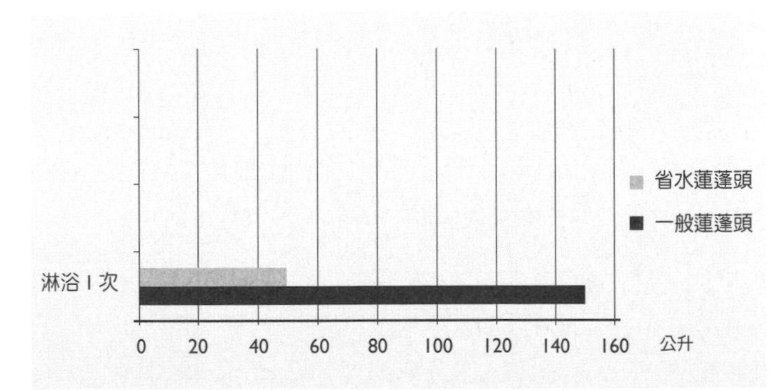

頭，只要準備一個有刻度的水桶，將水龍頭全開讓水流一分鐘，答案就揭曉了。若無有刻度的水桶，用大容器接水，再用寶特瓶來計量也行。一個水龍頭成本二〇〇至三〇〇新台幣，全家都換新，不用五年就能回收。建議別再拖了，儘速把家中非省水型水龍頭換掉吧！

之外，也建議大家最好能養成好習慣，別動不動就把水龍頭轉到最大水量。很多人認為水龍頭的水量要夠大，菜和碗盤才能洗得更乾淨，這是錯誤的，通常水龍頭半開的水量，就足夠供應沖洗所需了。

省水小祕訣❺ 改造老舊馬桶

如果家中舊式非省水馬桶已服役很久，但仍然老當益壯，花一大筆錢換掉它，可能要花十多年才能回本，那麼你可以透過以下三種方式來達到省水目的。

❶在水箱中置入幾個裝水的小寶特瓶，讓水較

科技新知

公廁常給人「髒、臭、濕」的印象，不過澳洲雪梨的智慧型公廁，則讓人完全拋開這樣的刻板印象。澳洲雪梨公廁不僅外觀時尚、簡潔，更厲害的是，它能按照使用狀況立即判斷與反應。例如無人使用時會自動關燈、關水、關門；旅客進入後自動亮燈，如廁完畢後自動沖洗馬桶，達到節省用電、用水的目的。另外，這公廁還可攜帶腳踏車進入，空間相當寬敞。

快達到預定水位，減少出水量。

❷**將水箱內的浮球往下調約一公分**。浮球是控制馬桶進水量的開關，浮球位置低進水量就少。選擇以上任一方式，每次沖水可節省約〇．八公升。

❸**安裝兩段式沖水配件**。所謂兩段式沖水就是按照大小號來選擇，大號按沖水量大的大按鈕，小號就按沖水量小的小按鈕，根據不同需水量來選擇，省水看得見。特別提醒，兩段式沖水配件只適用於馬桶和水箱分開的分離式馬桶，若家中是俐落的單體式馬桶，就沒辦法安裝。

省水小祕訣❻

調整冷水水龍頭出水量60至80％

一般水電師傅安裝水龍頭後，會將出水量調到最大值，每分鐘約六至九公升水量流出。我曾經做過一個試驗，利用一字起子，分別調整水龍頭水量，從八〇％、七〇％、

節能小知識

省水招式還有……

❶用濾盆洗菜

使用濾盆洗菜，下方再用另一個容器接水，留下來的洗菜水可回收沖廁所、洗抹布。

❷洗碗時餐具疊放在水龍頭下

想要用一樣的水量獲取最高的洗淨效果，建議洗碗時先將餐具疊放在水龍頭下，口徑最大的餐具擺最下方，這麼一來水就能被「物盡其用」，在清潔你手中餐具的同時，順便沖洗下方碗盤。也可考慮洗碗時用大型容器裝水，將碗盤放進去，先將大部分油污去除，最後再直接放在水龍頭下徹底清洗。這麼做洗淨效果不但不會打折扣，還能更省水。

❸趁還有餘溫時洗鍋

有點溫度能讓油污更容易瓦解，因此趁著鍋子還有餘溫時順手洗鍋，對付難纏油污就不是難事了，同時也達到省水的目的。

❹ RO 逆滲透機排水回收澆花、沖馬桶

若家中使用 RO 逆滲透機，請好好利用儲水桶裡面的水吧！用來澆花、沖馬桶、洗刷地板等，都是不錯的選擇。

❺用杯子、臉盆裝水刷牙洗臉

刷牙 1 次 3 分鐘，洗臉 1 回 3 分鐘，早晚各進行 1 次共 12 分鐘，若總是開著水龍頭，慢條斯理的擠牙膏、刷牙、擠洗面乳、洗臉，任由水嘩啦啦流掉，即使是用省水水龍頭，1 天下來也要流掉 108 公升的水，而你真正用到的卻只有 8 公升，因此建議改變刷牙、洗臉習慣，才是真正的省水作法。

❻熱水前的冷水別浪費

你知道嗎？熱水前的冷水（以冬天計約 2 分鐘 12 公升），足夠你沖馬桶 1 次、洗 4 次 1 個碗、1 雙筷子、1 個盤子，因此最好別浪費了。下回洗澡前，請記得拿個臉盆將這些水蒐集起來，用來洗臉、刷牙都不錯。

❼調整洗衣機水位

若洗衣機的水位是可以調整的，請記得每次洗衣時，按照衣物的多寡和重量，將洗衣水位調整到可清洗的最低水位。根據測試，洗 1 次衣服約省 40 公升水。

❽清潔劑勿過量

現在的洗衣機很聰明，會按照衣物的多寡及重量決定用水量，接著給予清潔劑用量建議。提醒大家別自作聰明加多一點，有些洗衣機具泡沫偵測與清除設計，清潔劑過量造成泡沫太多，只會讓洗衣機持續運轉，不僅浪費水，也浪費電。

六〇%逐步降至五〇%，結果發現，調整至五〇%時，家人才發現水量變小。由此推估，**將水龍頭的出水量調整六〇至八〇%**，民眾是可以接受的，如此一來，水龍頭**每分鐘可節約水量約一・二至三・六公升。特別提醒，熱水水龍頭不要調整出水量，**因為公寓或大樓熱水出水量較小，再調整可能會導致熱水量不足。

節能專家教你這樣省

善用省水墊片、省水閥（起泡器）

有些讀者一聽到安裝、器材等關鍵字時，都會先打退堂鼓。其實目前市售省水閥安裝簡單，不必拆除整組水龍頭，只需將舊起泡頭拆下，再將新省水閥直接接上、轉緊就可以了。

部分省水閥採觸控式設計，新款的設計甚至能讓我們調整出水量，使用時輕碰一下，關閉再輕碰一下，One-Touch觸控非常方便。根據測試，省水量從四五%至八四%不等，省水效果一級棒，成本不過一〇〇至三〇〇元之間。

除了省水閥之外，也可以在水龍頭加裝省水墊片。省水墊片可以降低水龍頭的出水量，操作時需要取下舊起泡頭內（出水口）的軟墊圈，將新的節水片和軟墊圈組裝好，裝入起泡頭內再重新鎖上就可以囉！

蓮蓬頭也可以加省水墊片，記得找個時間將全家水龍頭、蓮蓬頭都巡一巡，該換的換一換！

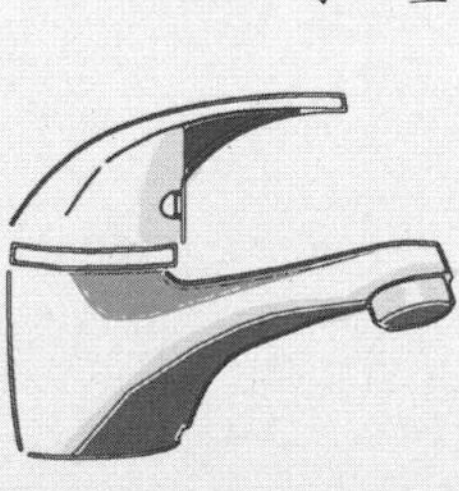

省瓦斯篇──人人都能輕鬆做到的省瓦斯妙招

雖然這幾年經濟不景氣，但家庭必用支出卻反其道而行、節節攀升，瓦斯費用更是年年調漲。目前天然瓦斯費用每度已來到二十二元高峰，桶裝瓦斯更快要突破千元大關，面對越來越令人吃不消的瓦斯費用，最好的省錢妙招，就是學會省瓦斯。

說到使用瓦斯，一般家庭以「煮飯」與「洗澡」為大宗。想要兼顧省瓦斯與飲食健康、身體潔淨的目標，不妨試試以下幾個方法。

省瓦斯小祕訣❶

選購恆溫型熱水器

傳統點火型熱水器是使用水盤結構點火，開水後，利用水壓變化釋放出瓦斯，再經由電子點火器點火燃燒，一般有小火、中火、大火可控制。小火的水溫約莫是三八至四〇℃，中火的水溫約莫是四二℃，大火則高達四五℃。不過，傳統點火熱水器靠水壓變化控制水溫，容易忽冷忽熱，洗澡過程中，得視情況調整水溫，無意間就浪費了水和瓦斯。恆溫熱水器用電腦控制火力大小，克服了溫度變化大的問題，不僅能讓你沐浴時更享受，瓦斯燃燒效率也更好，瓦斯費當然就更省了。

特別提醒，常見瓦斯熱水器容量有兩種：十二公升（基本型）與十六公升（旗艦型），主要的差

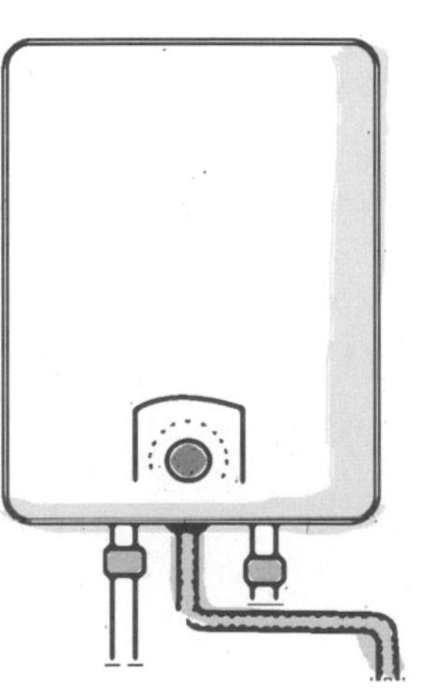

恆溫熱水器瓦斯燃燒效率比傳統點火型熱水器好。

異在出水量，十六公升的出水量比十二公升大。購買熱水器時，大家經常聽到「一間浴室買十二公升，兩間浴室買十六公升」的說詞，其實，與其考量浴室間數，不如考量使用情況。如果家人洗澡時間密集，兩間浴室經常同時使用，建議買十六公升，反之則買十二公升就夠用了。

如果家裡 2 間浴室經常同時使用，才需要 16 公升熱水器。

省瓦斯小祕訣 2

按季節調整熱水器溫度

瓦斯熱水器的溫度調整有旋鈕式與數位式兩種。經過測試，夏天溫度設定三七至四○℃、冬天設定四二至四五℃時，瓦斯使用效能最好，是同時兼顧舒適與瓦斯費的理想設定值。另外，瓦斯費高居不下，和洗澡時間過久有絕對關係，因此，想省瓦斯費，就請控制沐浴時間。以天燃瓦斯溫度設定四五℃，一般男生平均洗十五分鐘來計算，洗一次澡就要繳五．三元天燃瓦斯費，可見沐浴時間長短非常重要。

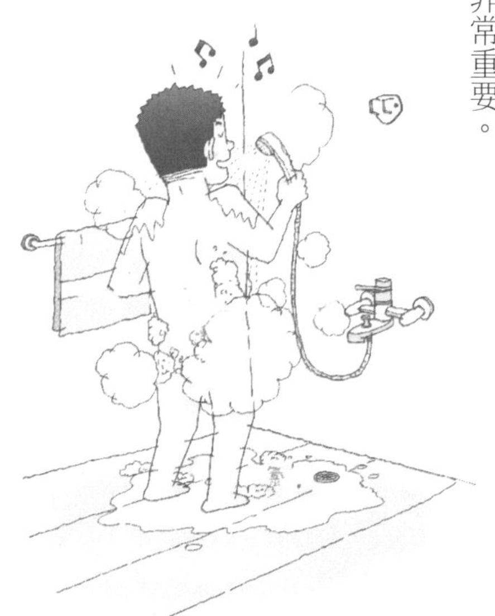

熱水器溫度夏天設定 37 ～ 40℃，冬天設定 42 ～ 45℃最佳。

Tip

水壓不足時怎麼辦？

水壓不足時，家中蓮蓬頭的出水量就會變弱，這時該怎麼辦呢？如果住較高樓層大樓或公寓或獨棟透天厝的讀者，不妨在頂樓水塔加裝加壓馬達。如果不是，則可請水電師傅查看是否因管線鏽蝕，才導致熱水出水量過小，如果是的話，就儘快更換老舊管線。

Tip

掌握洗澡的 timing

住處頂樓所使用的水塔若恰好為金屬水塔，夏天時不妨下午或傍晚時洗澡。因為水塔中的水一整天在陽光底下曝曬，溫度也跟著升高，這時把握時機洗澡，就能享受免費溫水。

節能小知識

省瓦斯招式還有……

❶選購有節能標章的瓦斯爐、瓦斯熱水器（請參考 184 頁）

貼有節能標章貼紙的瓦斯爐，熱效率可達 50%，若 1 天開大火使用 1 個小時，1 年下來，節能瓦斯爐可為你省下近 3000 元的瓦斯費。四口之家若使用熱效率 95%的節能熱水器一年，比熱效率 75%的熱水器，可省天然瓦斯費約 1300 元。另外，除了衡量熱效率值之外，也別忘了將級數納入考量範圍，級數越低，可幫你省下越多的瓦斯費用。

❷家人一個接一個洗澡

不論哪個季節，應該很少人願意洗冷水澡吧！家人入浴不間斷，可避免瓦斯重複加熱水溫的過程，長久下來，也能省下可觀的瓦斯費用。

❸適當控制瓦斯爐的火焰

與「水頭龍全開洗淨力最強」的迷思道理相同，有些人也認為「瓦斯爐火力全開加熱效果最好」，這真是大錯特錯。其實，**火源大小與鍋底範圍相符加熱效果最好，因此中火才是最好的選擇。**

❹定期清理爐頭及點火器

瓦斯透過瓦斯爐上的爐頭噴出，點火器則負責點火，爐頭污垢太多，瓦斯加熱效率會打折扣。而點火器有污垢，則瓦斯不易順利點燃。建議每隔一段時間拿一把淘汰不用的牙刷清理爐頭，並用乾抹布擦拭點火器，避免瓦斯突然噴出，危險又浪費錢。

固定清理爐頭及點火器，可保瓦斯最佳燃燒值。

❺定期換電池

目前一般瓦斯爐採電子點火方式，點火時若瓦斯爐總發出啪啪啪聲響，多試幾次才能點著火，可能就是電池沒電了。要知道每點一次，瓦斯就會噴出許多，這些都是費用喔！為了安全也為了省瓦斯費，請視使用狀況更換電池。

❻改變烹飪習慣，煮沸後燜、先泡再煮

有許多料理需要慢火熬煮才美味，例如清燉牛腩、紅豆湯，但光一道菜餚小火煮上 4 個小時，就燒掉約莫 10 元（以天然瓦斯計算），長期下來可不得了。建議大家改變烹飪習慣，要花長時間才能煮透的食材，先用水泡過幫助軟化再煮。大火煮完後，可改用燜燒鍋、陶鍋等燜至熟爛。

❼選購有 TGAS 標章的瓦斯熱水器（請參考 185 頁）

Ch6

精打細算，企業、店家不能不知的省電祕訣

比起一般家庭，營業用的水、電、瓦斯費用相對更高，帳單上的數字經常「驚為天人」。但換個角度想，如果能好好學會節約用電、用水及用瓦斯，那麼省下來的費用也將會「驚為天人」，身為老闆，當然更要懂得如何省錢做生意！

一次看懂營業用的電費帳單

本書第三章中，我花了很大的篇幅解釋如何看懂水、電、瓦斯帳單，以及如何應用水表、電表、瓦斯表來節省費用。雖然說明對象主要是一般家庭用戶，但節省的概念是一樣的，建議老闆們也花點心思參考看看。

由於營業用水費與一般家用的差異，只有多收五％營業稅，而瓦斯費則全然無分別，因此本章重點將放在電費上。到底營業用的電費帳單裡，藏了哪些節電的關鍵呢？

表燈用電電費計價①非時間電價（累計電價）

每回拿到電費帳單，最重要的一件事，就是確認電費有沒有問題。比對一下帳單上的訊息，若你選擇的是非時間電價，那就要知道電價是如何計算的！

非時間電價的計價方式很簡單，和一般家庭電價邏輯相同，採階梯式累進計算（費率如左頁表格），共分成四級。不同區段的用電數採用不同的電價，也就是用越多電費越高、用越少電費越少。此外，夏月電價比非夏月來得高，這一點也和家庭用電相同。

那麼，哪些老闆們適合選用這種方案呢？**一般建議商店、辦公大樓，每天營業且營業時間不超過十二小時、平均每月電費低於一萬元（用電量約低於三〇〇〇度）、商店總計電器功率低於一〇瓩（kW）者、用電集中平日上班時間者**，選擇非時間電價會相對划算。

表燈營業用非時間電價表（2015 年 4 月 1 日起調整）

每月用電度數分段（度）	非夏月（10 月 1 日～5 月 31 日）	夏月（6 月 1 日～9 月 30 日）
	每度電（元）	每度電（元）
330 以下	2.45	2.91
331 ～ 700	3.32	4.04
701 ～ 1500	3.91	4.81
1501 以上	5.31	6.73

• 欲確認每年最新電價，可上台電網站查詢
http://www.taipower.com.tw/content/q_service/q_service02.aspx?PType=1

表燈營業用非時間電費計算方式

營業用電費是兩個月收一次，因此上述度數在計算時都要變成兩倍，意即兩個月用電度中，有六六〇度的費用是二·四五元（非夏月），以此類推。打個比方來說，兩個月用電三六〇〇度（非夏月），則電費計算方式為：

$$660 \times 2.45 + (1400 - 660) \times 3.32 + (3000 - 1400) \times 3.91 + (3600 - 3000) \times 5.31 = 13515.8$$

四捨五入之後電費就是一三五一六元，也就是你當期該繳的費用。

表燈與電力用電電費計價❷時間電價

時間電價應該是最讓老闆們傷腦筋的一部分，尤其如果你是店內大小事都得自己來，無法將這部分委託專人處理的話，時間電價應該會讓你傷透腦筋。到底什麼是時間電價呢？

所謂時間電價，指的就是一天當中離峰、尖峰用電價格不同，以目前台電所制定的時間電價來看（詳細可參考下方表格），所謂離峰，指的是周一至周六晚上十點三十分至隔日早上七點三十分，及周日與國定假日全天。根據表格顯示，非夏月周一到周五離峰時段的電價，比其他時間便宜了一．九六元，周六則便宜了一．〇五元。

不過，要特別提醒的是，**時間電價除了按用電量來計算外，還必須繳額外的基本電費，如同手機通信費一樣，不管有沒有用到，每個月都要繳費**，計算時記得一併納入成本考量才行。另外，用電需量超用還會有另外的計價方式，向你索討費用喔！（請參考一五三頁）嚴格說來，時間電價較不適合一般住

表燈與電力用電時間電價表（2015年4月1日起調整）

分類				非夏月（元／度）（10月1日～5月31日）	夏月（元／度）（6月1日～9月30日）
基本電費	經常契約（每瓩每月）			173.20	236.20
	非夏日契約（每瓩每月）			173.20	-----
	周六半尖峰契約			34.60	47.20
	離峰契約			34.60	47.20
流動電費	周一至周五	尖峰時間	07:30～22:30	3.64	3.70
		離峰時間	22:30～24:00 00:00～07:30	1.68	1.75
	周六	半尖峰時間	07:30～22:30	2.59	2.67
		離峰時間	22:30～24:00 00:00～07:30	1.68	1.75
	周六及離峰日	離峰時間	全日	1.68	1.75

- 經常契約一定要與台電約訂，非夏日契約、周六半尖峰契約、離峰契約則可視狀況自由決定
- 時間電價計價方式，已不論營業或非營業類型，計價方式皆一樣。

宅、用電量不大的商店，但對電量大，以及離峰時間用電比例高者比較有利。

哪些老闆適合選擇這種方案呢？**一般建議倘若你的店內有二十四小時不斷電的設備，如寵物水族箱、冷藏冷凍櫃；二十四小時營業模式者如便利商店、網咖、咖啡店；夜間、假日營業的開店商家；有申請契約容量商店、社區、辦公大樓等，特別是例假日或晚上需用電者，選擇時間電價就是可考慮的聰明省方案了。**

此外，若對自己的評估不放心，你還可以至台電網站下載「表燈用戶各時段用電時數估算表」，台電將提供免費諮詢服務喔！

表燈與電力用電時間電價電費計算方式

時間電價電費是每月抄表、隔月收費，因為牽涉到契約容量的關係，計算相對複雜。想要搞懂它，先把以下公式牢記腦海中！

總電費＝基本電費＋流動電費

舉例來說，若用戶為三相供電（二二〇／三八〇V），經常契約容量是二〇瓩，七月尖峰時間用電二〇〇〇度，周六半尖峰時間用電五〇〇度，離峰時間一五〇〇度，且最高需量皆沒有超過契約容量，那麼七月電費計算方式為：

基本電費＝236.2×20＝4724

流動電費＝

3.7×2000＋2.67×500＋1.75×1500＝11360

總電費　＝4724＋11360＝16084

24小時營業的網咖，適合選擇時間電價。

一般家庭選擇時間電費，不見得划算

先前網路上曾瘋傳「採時間電價會更省錢」的說法，使得部分人躍躍欲試。實際上，時間電價主要的對象是營業店家，不過西元二〇〇三年起，的確開放一般民眾可自由選擇。認為時間電價比較划算的支持者說：白天大家都上班去了，晚上才回家，換句話說，晚上是家庭用電的高峰期，時間電價晚上收費便宜，當然划得來。但事實真是如此嗎？

我們以一個月用電度三五〇為例（夏季），若採營業用非時間電價來計算，一個月要繳一〇四一元：

$$330 \times 2.91 + (350 - 330) \times 4.04 = 1041$$

若按時間電價來計費，經常契約容量抓很低的三瓩，基本電費七〇八．六元（二三六．二乘以三），若再加上流動電費，肯定超過一〇四一元。

選對營業用電計價方式，就這麼簡單！

若你認真閱讀了上述內容，相信重複確認帳單上的電費有無錯誤，對你來說應該不是難事了。但要談到如何省電省錢，接下來才是重頭戲！

雖然電費不斷往上調漲是事實，但有時「付電費付到手軟」並非電費調漲，而是選錯計價方式！

我選擇的計費方式對嗎？

想知道造成天價電費的主因是否選錯計費方式，請完成左頁測驗。若結果與目前設定的計價方案不符，建議可再諮詢專業意見並修改計費方案。特別是要改成時間電價者，建議可請水電工程公司協助申請契約容量及時間電價。

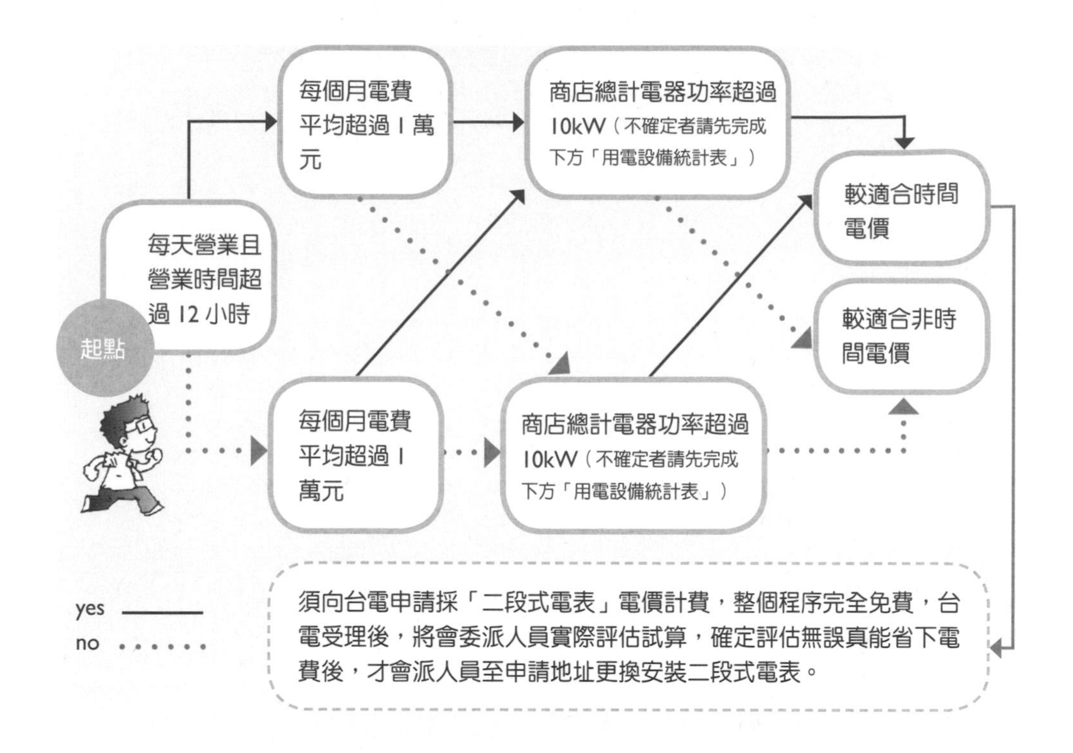

用電設備統計表

項目	設備名稱	功率（kW）	數量（台）	合計	使用頻率
1	冷氣機	2	3	6	夏月每天使用 12 時
2	燈具	0.04	200	8	每天使用 12 時
3					
4					
5					
6					

功率合計：請將所有用電設備的功率加總並填入

我設定的契約容量恰當嗎？

除了選擇錯誤的計費方式之外，契約容量設定不當，也同樣會造成電費過高。

什麼是契約容量？

契約容量的定義和手機基本月租費相若，是每個月店家依約要繳給台電的基本電費，如同手機基本月租費一樣，若你選擇了月繳三八三方案，即使實際只用了一二八元，還是得繳三八三元。另一方面，如果用電需求量超出契約容量，代表超約了，

節能專家教你這樣省

哪些業者需要經常契約、非夏月契約、周六半尖峰契約、離峰契約？

●**經常契約**：一般服務業（包括商店、辦公大樓）或社區住宅，用電習慣特性為上班時間用電需量大於夜間或例假日，僅需訂定經常契約容量即可。

●**非夏月契約**：非夏月期間用電需量可能高過於夏月期間用電需量才需訂定，但就我個人輔導經驗來看，除了生產單位外，這類案例很少。因為台灣夏月需開冷氣，非夏月無須使用冷氣，正常情況下，夏月需量皆高於非夏月。

●**周六半尖峰契約**：周六半尖峰期間用電需量，可能高過於經常尖峰用電需量才需訂定，但個人於輔導案例中少見。

●**離峰契約**：離峰期間用電需量可能高於經常尖峰用電需量才需訂定，但個人於輔導案例中，除了部份社區或商店外，較少遇見。

這時候你需要付給台電「超約附加費」，按照約定，超約範圍一〇%以內，需多繳兩倍契約容量費用，超約範圍一〇%以上，需多繳三倍契約容量費用。

眼尖的讀者應該已發現，契約容量的單位是「瓩」（即一〇〇〇瓦）而不是「度」，因此契約容量約定的是用電設備所需要消耗的瓦數。

另外，時間電價計費方案中，有經常契約、非夏月契約、周六半尖峰契約、離峰契約等四種契約可約定。其中經常契約是一定要訂的，而其他三者則採自由選擇，如果夏月非夏月用電需量差異非常大、離峰時間與周六半尖峰時間用電需量比平常大得多，業者就可以考慮針對特定項目訂契約，避免超約問題。

制定合宜的契約容量，才不會繳冤枉錢

我總是不斷對輔導對象強調一件事，那就是制定合宜契約容量是很重要的。接下來我們就來看看，不同契約容量的基本費用差異有多大。

A：契約容量50瓩

非夏季費用＝50×173.2＝8660
夏季費用　＝50×236.2＝11810

B：契約容量30瓩

非夏季費用＝30×173.2＝5196
夏季費用　＝30×236.2＝7086

從前面可知，若你只需設定三〇瓩，卻錯定成五〇瓩，其他因素都不考慮，光是契約容量所產生的基本費，**非夏季電費就多繳了三四六四元的冤枉錢，夏季電費更平白多繳了四七二四元！**

朝九晚五的辦公室，適合「經常契約」。

該怎麼找出最適宜的契約容量？

好了，現在大家知道擬定合宜契約容量的重要性，接下來最重要的功課就是，找出最適宜的契約容量。如此一來，除了可避免繳冤枉錢外，也可避免超約，畢竟超約被酌收的「超約附加費」也是一筆花費，想要省錢，自然要步步為營。

一般我會建議輔導對象按照以下步驟來分析與進行，讀者們不妨拿出電費帳單和紙筆，替自己分析出最適宜的契約容量。

Step ①從經常（尖峰）最高需量，先找出合理值

要想分析最適宜的契約容量，要從帳單上的「經常（尖峰）最高需量」著手。

所謂「需量」，就是能滿足負載需求的電力，若所提供的電力不足，會造成跳電、設備當機等狀況。目前台電電表記錄的負載需量，是以每十五分鐘累積平均值計算，其中當月最高值的點，就是「最高需量」。

前面提過，當用電需求量超出契約容量時，需要支付超約附加費，判斷的原則是最高需量與契約容量相互比較。換句話說，當「契約容電」大於該月份「最高需量」時，以「契約容量」計收基本電費；當「最高需量」大於「契約容量」，代表該月份超約，要計收「超約附加費」。由此可知，找出最適宜的契約容量，才能不多繳冤枉錢又不會經常超約。

用「經常（尖峰）最高需量」來分析，可以知道契約容量合不合理。如果契約容量總是比最高需量來的低，代表契約容量訂太低了，反之，若契約容量總是高出於最高需量許多，代表契約容量訂太高了。

當然，就如同股票各種圖形、指數無法找出絕對最高點一樣，契約容量也沒有辦法計算最低值，只能透過排序找到最合理值。一般而言，契約容量一年有三至四個月的超約罰款，就算是非常合理的數值了。在這裡提供一個快速又方便的方法：

將一年來的電費帳單拿出來，將每月經常（尖峰）最高需量填入左頁「契約容量簡易分析表」中，表格4、5的數值，就是契約容量的較合理值。

契約容量簡易分析表

項目	月份	尖峰需量
1	8	895
2	9	878
3	7	856
4	**6**	**852**
5	**10**	**848**
6	5	810
7	11	780

Step ②考量設備的變動，找出最適合契約容量

透過「契約容量簡易分析表」找出合理值，若確認未來一年內用電設備不會有任何增減，那麼該合理值就是最適合的契約容量。若用電設備有所增減，那麼就請大家加上可能增加的設備規格與數量之合計功率；或減掉可能減少設備的合計功率，所得到的數值，即為最適合契約容量值。

Step ③把握調整契約容量的最佳時機，才能省最多

特別提醒大家，**契約容量由高往下降、原則上不收費，但二年內不得再調回原契約容量，如還是要調回，須補已調降優惠金額；由下往上升則要支付路線補償費，每一瓩（kW）約二〇〇〇元。**

因此，建議大家於每年夏月過後，在年底檢討今年契約容量合理性，如確認要調降，可於年底辦理，這麼一來，就能馬上節省基本電費；如要調升契約容量，建議隔年夏月前調整即可。

通常在夏季幾個月份，尖峰需量因為冷氣的緣故而提高，商店在夏季超約的機率極高，只要趕得及在夏月前調升，不僅能延遲支付路線補償費、節省一至六月的基本電費，也可同時避免超約太多的情況。

制定合宜的契約容量很重要哦！

老闆看過來——店家節能省錢7大祕訣

根據瑞士洛桑國際管理學院（IMD）所出版的「二〇一二世界競爭力年報」，台灣創業精神為全球第一，而二〇一四年「全球創業精神暨發展指數（GEDI）」，台灣依舊高居全球第七（更是亞太區第一），由此可知，台灣人對創業的熱情。

在這裡，我們不打算分析創業成功率，但如果你已經加入老闆的行列，不論生意規模大小，都請你務必學會最基本的成本控管——水、電、瓦斯，並讓它成為你跨出成功的第一步！

商用空間節能小祕訣❶

冷氣買大只會浪費錢，變頻比定頻更恰當

據調查，空調設備是商家電費支出的最大宗，約占電費支出的四〇至五〇%，因此想要省電兼省錢，從冷氣下手準沒錯。相信在新設營業店面時，十個裝潢設計師或水電師傅，就有十個會對你說：「冷氣要裝大一點，這樣才夠涼，客人才會舒服」之類的話。但裝設容量過大的冷氣，正是店家們電費居高不下的主因。

我建議商用空間冷氣大小挑選原則與家庭一致：

冷氣大小（冷凍噸）：坪數＝1：6

二十坪的空間挑選三冷凍噸大小即可。若空間剛好位於頂樓、來客數量較多、來客數時間集中或有嚴重西曬問題，則建議將比例提高至一比四或五，一樣二十坪的空間建議改選擇四或五冷凍噸。

讀者們可能會納悶，為什麼商用空間的冷氣不需要大一點呢？其實，冷氣最主要的功能，就是把室內的熱量搬走，若容量太大，會因為自動溫度調整動作，使壓縮機頻繁運轉、啟動，不僅相對耗電，也會同時減損壓縮機的壽命，使店內冷氣成為「短命冷氣機」，屆時不論是修理或添購新機，又是一筆額外支出，怎麼算都划不來。

另外，商用空間人來人往，空間溫度變化較劇烈，但尷尬的是，商用空間對於維持穩定溫度的需求，較一般住宅來的高，變頻冷氣因為有「頻率轉換器」技術，壓縮機運轉速度比較靈活，相較於定頻冷氣在應付如此難題上，顯得較游刃有餘。

根據分析，客人多集中於白天報到，晚上呈現零散狀態的商家，夜間冷氣電費應該較少，若使用定頻冷氣，冷氣設定條件通通不變，定頻冷氣索討的費用當然不會較低。若能更換變頻冷氣，就能省下這筆無謂的支出了！

科技新知

如果有機會走訪日本東京都瓦斯公司，你會發現員工們座椅的把手上，左右各有一個圓形物，猜到了嗎？那就是通風扇！雖然通風扇需要插電才能啟動，但因風扇瓦數只有幾十瓦，耗電量不高，假設兩個風扇合計約 100 瓦（W），使用 8 小時也只用電 0.8 度，在高溫悶熱的夏天，休憩片刻時順便開起扶手上的風扇，利用一點點電力，就能換來工作的新動力，這投資其實滿划算的。再者或許因為如此，大家對冷氣的需求度會降低，辦公室的冷氣溫度也能順勢調整，綜觀來看，反而更省電！

商用空間節能小祕訣❷

運用空氣簾與自動門，減少80%以上冷氣外洩量

不曉得各位是否曾經有過這樣的經驗：進入百貨公司、醫院、某些商家時，當玻璃門開啟，就有一股很強的氣流從上方灌下來？這股很強的氣流其實就是空氣簾（或稱空氣門）。空氣簾利用不停流動的強力空氣，形成虛體簾幕，在室內與室外之間，畫出一道虛擬卻實際的分隔線，把熱空氣阻絕於外，並防止冷空氣外流，如此不僅能大幅度減少電費支出，還能同時延長冷氣的壽命。

另外，對餐飲業者來說，空氣簾還有另一項利多，那就是能有效防止蒼蠅蚊蟲等不速之客進入室內，順道維持潔淨舒適的環境，提升客人對店家的好感度。

除了空氣簾之外，加裝自動門也是留住冷氣的好方法。一般來說，安裝三至四尺空氣簾費用約一〇〇〇〇至二〇〇〇〇元，自動門約二〇〇〇〇至三〇〇〇〇元。根據實際測試，門寬一．二公尺的營業店面若加裝空氣簾，光夏季就可能節電約八

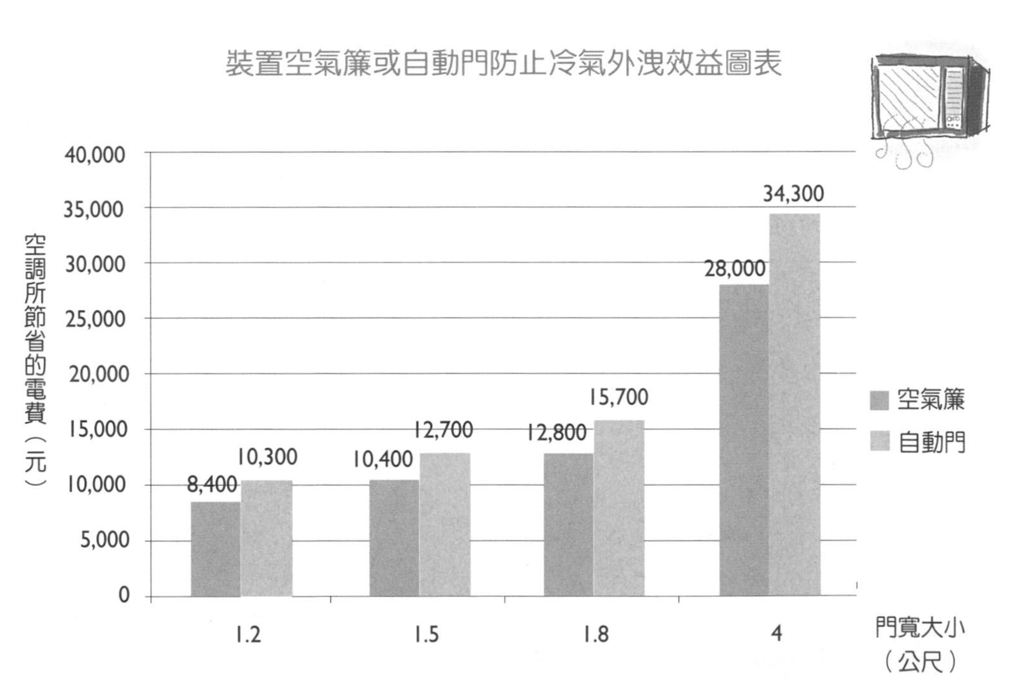

〇〇〇元，加裝自動門則可節電約一〇〇〇〇〇元，整體算來，一至三年內就可以回本了。

商用空間節能小祕訣❸

依來客量與季節調整溫度設定

為了節能減碳，二〇一〇年台北市率先實施《台北市工商業節能減碳輔導管理自治條例》，規定營業場所冷氣均溫須維持攝氏二六℃以上，違反者依約最高可罰三〇〇〇〇元。然而，這本意良好的新規定才上路，就惹來民怨及業者的反彈，大家紛紛表示：溫度設定二六℃，根本不夠涼爽！

不知道大家看出其中的問題點了嗎？實際上，**北市府規定的是營業及辦公場所室內空調均溫「維持」二六℃**，而非冷氣機溫度「設定」二六℃，之所以提出二六℃，是根據經濟部能源研究報告而定。報告指出，若長期處在低於二五℃的環境下，人體排汗功能及新陳代謝都會降低，在舒適度與健康度兩相權衡之下，維持二六℃是最適宜的。因此，建議各位老闆們，依室內人數多寡調控溫度，讓室溫維持在二六℃。

另外，雖然冷氣有溫度感測器，但公共場合人潮熙熙攘攘，加上空調區域大等因素，都可能影響感測功能，導致室內溫度控制不佳，建議可考慮多擺放溫度計（一五〇至二〇〇公尺擺放一個），時時監控室內實際溫度，提供客人夠涼爽的環境。

根據個人經驗，我建議夏季時室內最適溫度應

商家加裝空氣簾或自動門，可減少熱氣滲入、冷氣外洩。

維持在二六℃，因為台灣夏天室外溫度動輒三〇℃以上，若將溫度設定過高如二八℃以上，容易使室內濕度降不下來，導致物品發霉，反而得不償失。至於春秋冬三季，則可將室內溫度控制在二七至二八℃即可，在這溫度下不僅舒適度不打折，冷氣每降一℃，還可節省六%的冷氣機用電。

商用空間節能小祕訣4

舊機換新機，選高效率冷氣機省更多

根據個人多年輔導經驗，老化的冷氣是電費飆高的幕後黑手。想省錢，就別硬撐，把老化的舊機換新機吧！光這個動作，就能省下三〇%的電費！

一般冷氣平均使用年限約十年，老化常見現象如轟轟作響、冷房效果差、結冰、滴水，一旦出現上述症狀時，請考慮更換新機。雖然新機費用會比維修來得高（幾千到一萬不等），但根據統計，使用超過十年以上的家電，年平均耗電量比能源效率一級的節能家電高出二．五倍，耗電量著實驚人，建議當機立斷，將冷氣斬立決吧！三至五年後就回

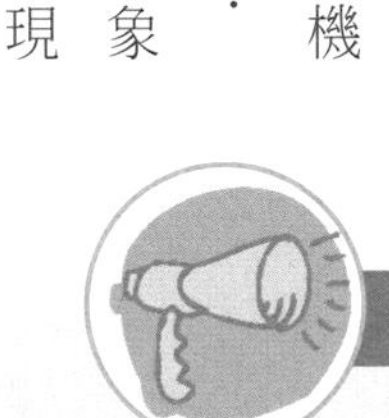

科技新知

致力研發地熱再生能源的德國，會利用熱交換器，於冬天時取房屋地底下較高溫度的熱源，經過熱交換及通風管，將溫暖的空氣傳送至屋內，反之，炎熱夏天來臨時，則取房屋地底下較低溫度的冷源，再經由通風管，將舒爽的冷氣傳送至屋內。一般而言，這樣的節能方式因需挖地下管線，較適合獨棟且地下室無設置停車場等建築物。

本了。

另外，建議商用空間應選擇變頻冷氣機，當然選擇時也別忘了連同EER值、等級標示一併考慮（請參考一八三頁）！EER值等於冷氣能源效率值，代表該冷氣機種每使用一瓦（W）電所能發揮的冷凍能力，EER值越高效率越好，是省電的好選擇。而等級標示則剛好相反，數字越少越省電，一級最省！

商用空間節能小祕訣❺
基礎照明選T5型燈具、重點照明用LED燈具

以往燈光只有照明一種功能，但隨著經濟成長，我們開始追求起生活品質，因此燈光配置也成了美學設計的一環。到底營業空間的燈具該怎麼設計，才能兼顧照明、美感、趣味和省電呢？

商用空間替代燈具建議表

照明需求類別	原始用光源		替代光源		節電效率
	名稱	功率（W）	名稱	功率（W）	
基礎照明	T8型傳統安定器日光燈具	100	T5型電子式安定型日光燈具	70	30%
	水銀燈	200	陶瓷複金屬燈	100	50%
	白熾燈	60	燈泡狀省電燈泡	17	72%
	白熾燈	60	螺旋狀省電燈泡	13	80%
	白熾燈	60	LED燈	12	80%
重點照明	鹵素燈	75	LED燈	5	90%
	鹵素燈	50	複金屬燈	20	73%
出口警示燈	傳統T8型螢光燈具	10	LED燈	3.7	63%

其實不難，只要掌握以下兩個關鍵就行了。

營業空間的燈具照明設計，主要分為二種：店內基礎照明和局部重點照明。所謂基礎照明，指的是提供清楚光源的環境照明，讓大面積環境看來明亮；而局部重點照明，通常是針對特殊商品、物件，採用照度較強、光線較集中的燈具，目的在於吸引消費者的目光及注意力，只要先設定好需求，就能根據需求選擇燈具光源及形式，這麼一來，才不會出現無謂的照明設計，浪費電又浪費錢。

基礎照明採省電型日光燈具，重點照明採 LED 燈具。

一般建議，基礎照明採用省電型日光燈具，最好選擇三波長日光燈管或太陽燈管，它的演色性高，顏色鮮明生動又不會死白，亮度也比一般日光燈多一〇至一五%。通常直管省電型日光燈，較適合大面積的商用空間，其中T5型電子式安定器燈具又比T8型燈管省電三〇至三五%，使用壽命也多了三至四倍。**綜合各條件來說，基礎照明最建議選擇T5型電子式安定器燈具。**

至於**重點照明則建議採LED燈具。根據統計，可節省五〇至八〇%的用電，大概〇・五至一・五年內就可回本。**以往多採用鹵素燈來負擔重點投射（Spot Light）的重責大任，優點是光線層次感豐富、燈光質感佳，缺點則是耗電量極高（一般複金屬燈的二至三倍，LED燈的十至十五倍）、價格昂貴且損壞率高。另外鹵素燈含有高量的紫外線，照久了可是會變黑的。過去LED燈最被人詬病的莫過於刺眼、亮度不足、射照範圍受限、光線感不佳，但隨著技術日益進步，目前市面上已經不少優良商品可選。建議大家挑選時要注意燈具效率（lm／W，一般六〇至一〇〇）、演色性（Ra值）大於八〇以上、散熱效果及色溫、保固期等。

Tip 善用自動點滅器

自動點滅器是一種能按照光線明暗感應，來控制屋內外燈具的設備，暮色漸暗時它會啟動，天光漸亮時關閉，很適合用在看板、庭園矮燈、廣告招牌等。

商用空間節能小祕訣❻

商用空間不是越亮越好

為了提供明亮的感覺，營業店面和辦公室往往用了過多的燈具，使得照度過高，這是照明設備花費過高的主因之一。

就一般人的理解，往往認為添加燈具，亮度會成正比增加，例如目前有五盞燈，若想要二倍的光線，就再多裝五盞。但你知道嗎？人類的眼睛對亮度是非正比關係，加上生理作用反應，即使增加了一〇〇%燈具，我們眼睛感受到的，往往只增加三〇%的亮度。根據實際測試，在標準照度條件下，再多加裝一盞燈具，眼睛感受到的亮度是相同的，因此，商店只需按照所需照度，進行燈具的配置即可。

一般我們建議基礎照明選T5型電子式安定器燈具，根據換算，三〇〇平方公尺（約九〇．七五坪），需要二十六至二十七盞T5型四〇瓦（W）的日光燈具三支，照度約七〇〇至七五〇郎克斯（lux）。

計算方式為：

裝置燈具盞數（盞）N＝照度參考值×樓地板面積÷（日光燈具流明數）＝750lm×300m²÷（2800lm×3）＝26.8

選對燈具，「錢」途一片光明！

科技新知

照明設備用電費向來是辦公室一大支出，以往照明設計概念多採區域性，按下一個開關，會有幾排燈同時亮起，這樣的設計雖然方便，但在節能風潮方興未艾的節骨眼，則顯得不夠環保節能。想克服這窘境，可將辦公室燈具控制開關重新配線，讓每一盞燈具都有其對應的開關。公司員工可按照需求開啟或關閉，例如，某同仁外出洽公時，就可順手將頭上的燈具關閉。想要重新配線不難，請水電師傅即可完工。雖然初期須支出工資、電線及開關費用，但很快就能回收。要特別提醒的是，為安全考量，需注意電線接線點包覆是否妥適。

當然，判斷空間夠不夠亮的基準，需要現場檢測照度是否符合該場所國家照度參考值。相較於居家環境，商用空間的設計與配置相形複雜，建議不妨諮詢相關專業人士或電機技師事務所意見。

商用空間節能小祕訣❼

採用熱泵熱水系統

除了空調、照明之外，熱能設備也是老闆值得著墨的重點。我們知道，想要有熱水，可以借助電熱水器、瓦斯熱水器、太陽能熱水器及熱泵熱水系統。但哪一種最適合營業使用呢？我心目中的推薦名單，依序是熱泵熱水系統→瓦斯熱水器→電熱水器。

熱泵熱水系統的運作原理和冷氣類似，只是作用剛好相反。熱泵是把環境中的熱空氣或排放中熱水吸進來，讓原本是冷的冷媒變成高溫冷媒，接著高溫冷媒流過熱交換器，把熱量傳給冷水，冷水就逐漸變熱了。熱泵的壓縮機用電量約一瓩（kW），雖然與電熱水器的消耗功率在伯仲之間，但熱泵運用借力使力的方式，只要輸入一瓩（kW）的電能，加上從空氣中吸收的二瓩（kW）熱能，就能輸出三瓩（kW）的熱能來產出熱水。據分析，熱泵熱水系統的效率是傳統電熱水器的三倍，若與瓦斯熱水器比較，熱泵能節省三分之二的費用；與鍋爐比較，可減省二分之一費用。此外，熱泵無燃燒無廢氣，不會造成二次污染，也不會有瓦斯中毒、觸電、爆炸等危險，是名符其實的節能環保方案！

但若受限於環境、地區不適合用熱泵，那麼，次要選項是瓦斯熱水器，最後才是電熱水器。不論選擇為何，都應該選擇有節能標章、TGAS標章（請參考一八五頁）的機種。

Tip

中南部日曬強烈區，可用太陽能熱水器輔助

台灣中南部一年四季日照強烈，這些地區的商家不妨考慮用太陽能熱水器作為輔助，降低瓦斯或電熱水器費用。另外，也別忘了依季節性供應不同熱水溫度，夏季降低溫度四至五℃，建議夏天溫度設定三七℃、冬天設定四二℃。

太陽能熱水器適合日曬強烈的中南部商家。

相同產熱性能下，各類型熱水器的耗能率

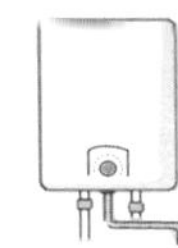

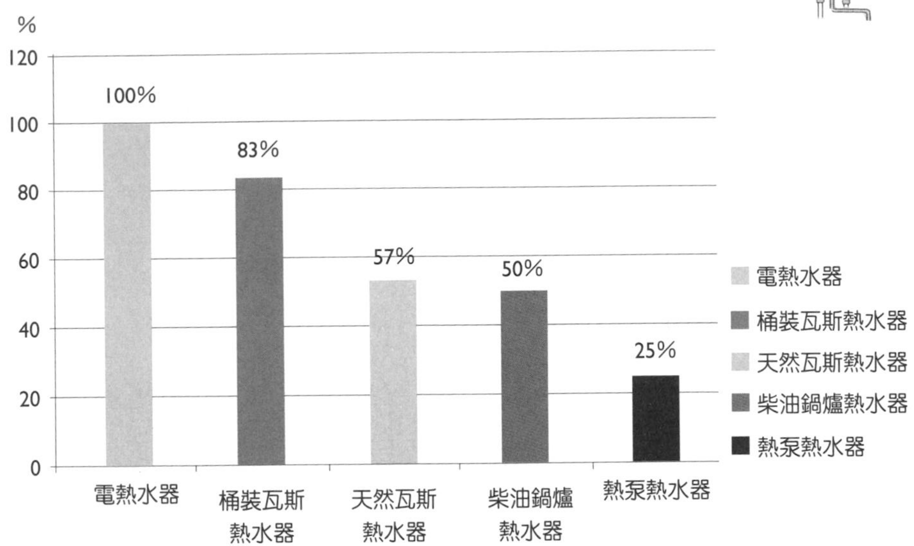

Ch7

精算每 1 度電，萬元電費輕鬆省

我一直認為，真正的聰明用電是「當用則用、當省則省。」這些年來我幫不少家庭及公司提供節電建議，在調整用電習慣、淘汰低效能電器後，許多人都可以省下近萬元的電費，而這些做法一點都不難、也不複雜。

最後，讓我們分享這些案例，你會發現：輕鬆省電費，你也做得到！

實戰篇

節能專家省電案例大公開

提到節能，大家對它卻步的原因不外乎：很麻煩、影響生活舒適度等，但你知道省下的一度電，可以幫我們做多少事嗎？一度電的電力可以讓電熱水器跑十五分鐘、烘四十八分鐘的衣服、吹一個小時的冷氣、用一小時又十五分鐘的電鍋、洗二小時又二十二分鐘的衣服、玩Wii六小時又二十一分鐘、看電視七小時又六分鐘、讓冰箱運轉二十四小時等。一度電可以做的事很多，只是生活中我們往往無法讓它的效率發揮到極致罷了。反過來說，只要學會讓一度電發揮最強效率，幾個小動作就能省下大把被浪費掉的電力，而且對生活舒適便利度來說，根本就沒有影響。

當然，每個人用電習慣不同，能節省的空間各異。對揮霍無度的重度用電大戶來說，學會節電用法，每期帳單有可能現省三○○○元；至於懵懵懂懂的中度用電小戶，年省近萬元也應該不是問題；即使是斤斤計較的輕度用電模範戶，每天應該都有省下1度電的空間。那麼到底要如何從生活中省電呢？以下三個簡單居家用電改造計畫，就是你最好的榜樣。

案例① 淘汰10年以上老電器，重度用電大戶年省近萬元

基本資料：1家4口
建議處方：電器汰舊換新並調整用電習慣
省電效益：年省近10000元

王先生和王太太是典型的朝九晚五上班族，兩個兒子就學中，一家四口住在六層樓的公寓。隨著電費不斷飆高，每期電費帳單少說也要四〇〇〇元。此外，瓦斯費用也節節攀升，但熱水品質卻逐步降低，經常忽冷忽熱，讓一家人想洗個舒爽的熱水澡都成了奢求。無奈的是，即使全家人集思廣益，帳單數字卻還是沒有明顯下降，一年下來，電費高達二五〇〇〇元（平均四口之家電費一年約一五〇〇〇至二〇〇〇〇元左右）。為了達到省電效益，王先生找上了我。

當我來到他們家，還未與王先生詳談，光是在室內走一圈，馬上就找到其中一個癥結：老舊電器搞鬼！

經過我詢問，家中冷氣、冰箱、天然瓦斯熱水器都已經使用超過十年以上，三台冷氣得設定在二四℃才夠冷，另外，五到十月吹冷氣的月份，每期用電度約一六〇〇度，比其他月份高出一倍用量；冰箱冷藏庫溫度雖設在五℃，但實際上經常高於五℃，導致食物腐壞；天然瓦斯溫度設定中火水溫一樣不穩定。以上種種現象，都反應了電器太過老舊的問題，也難怪電和瓦斯會在不知不覺中浪費掉。

經過詳談，我告訴他們兩大用電問題：❶熱愛泡茶的王先生，為了二十四小時有熱水，家中十公升開飲機二十四小時不斷電；❷注重乾淨的王太太，平均每二天就洗衣一次，且經常為求快速，洗脫烘一次解決。

一、設備建議：

❶更換高效率冷氣機，調整相關溫度設定（請參考 65 頁）。
❷更換高效率電冰箱（請參考 85 頁）。
❸用定時器控制開飲機（請參考 81 頁）。
❹調整洗衣次數，並先將衣物曬過後再烘（請參考 89 頁）。
❺更換高效率恆溫型熱水器（請參考 141 頁）。

二、執行項目：

❶更換為節能標章直流變頻冷氣機之分離式冷氣機 3 台，溫度設定提高 26℃，並配合風扇使用，睡覺時設定舒眠功能。
❷更換為 400 公升節能標章直流變頻電冰箱。
❸裝置定時器，設定上班時間（早上 8 點～下午 5 點）及凌晨（晚上 12 點～清晨 6 點）關掉電熱水瓶電源。
❹累積衣物至洗衣機 8 分滿再洗，衣物先晾乾 2 ～ 3 天，未乾者再烘。
❺更換節能標章恆溫型熱水器，隨季節調整熱水溫度，於夏天設定 37 ～ 40℃、冬季設定 40 ～ 45℃。

三、節電效果

調整前：每年使用約 7200 度電，約 25000 元；天然瓦斯約 300 度，6000 元。
調整後：每年使用約 5200 度電，約 18000 元；天然瓦斯約 240 度，4800 元。
1 年共省下 8200 元。

調整洗衣頻率，省水也省電！

案例②
調高冷氣溫度，冰箱不裝滿，中度用電戶年省3500元

基本資料：1家3口
建議處方：調整用電習慣
省電效益：年省3500元

蘇先生和蘇太太皆為中階主管，是標準的雙薪家庭，也是我多年好友，兩人育有一貼心女兒，一家三口住在十四層樓三十二坪的大廈中。在一次聚會中，他聽到朋友A抱怨兒子電腦二十四小時開機，動不動就關在房裡吹冷氣「練功」，害得家中電費每期動不動就要三千元。蘇氏夫妻想起家中電費也差不多如此，但女兒並沒有長時間使用電腦的習慣，因此對此情況大感不解，於是請我幫忙分析。

我根據多年經驗，從主要耗電原因逐一問起：好友家中冷氣已使用四年，效率還算好，但約有半年時間（五到十月）都會吹冷氣，溫度設定偏低，大概是二四至二五℃；為了讓家人吃得健康，老婆晚餐盡量親自下廚，兩人習慣利用星期天至大賣場，一次購足一星期食物，冷凍、冷藏庫內食物常常一〇〇%裝滿；家中有四〇顆省電燈泡二三瓦（W），晚上時間開啟數量二〇到三〇顆，糟糕的是經常忘記關燈；和一般家庭一樣，有一台二十四小時供電的四公升電熱水瓶，但夏天幾乎用不到熱水，只有冬天才有需要。

冰箱裝滿滿，小心電費一去不回頭！

Mr. 黃節能處方

一、設備建議：

❶檢討冷氣開啟月份，調整溫度設定（請參考 65 頁）。

❷調整電冰箱食物裝置量（請參考 85 頁）。

❸調整電燈使用習慣及開關控制方式（請參考 73 頁）。

❹日常生活飲用水採用瓦斯爐燒開水，停用開飲機（請參考 81 頁）。

二、執行項目：

❶ 5、10 月注意通風，搭配風扇，停止吹冷氣。7 ～ 9 月溫度設定提高為 26℃，並配合風扇使用，睡覺時設定舒眠功能。

❷調整每星期購買食物量，冷凍冷藏庫最多裝置 8 分滿。

❸更換房間、客廳、餐廳燈具為 3 段開關，依時間不同開啟不同燈具數量，並遵守離開房間超過 10 分鐘以上，就關掉燈具。

❹累積衣物至洗衣機 8 分滿再洗、衣物先晾乾 2 ～ 3 天，未乾者再烘。

❺改用瓦斯爐燒水，並購買 3 個長效型保溫瓶，水燒開後倒進保溫瓶保溫，做為熱水供應來源。

三、節電效果

調整前：每年使用約 5400 度電，約 18000 元。

調整後：每年使用約 4320 度電，約 14500 元。

1 年共省下 3500 元。

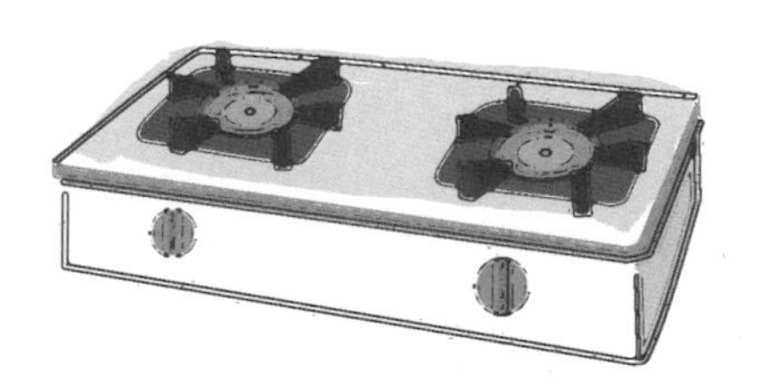

夏天改用瓦斯爐燒水、保溫瓶保溫，才能省下電費。

案例③ 冷氣搭配風扇，熱水瓶加裝定時器，輕度用電戶年省2000元

基本資料：退休兩老

建議處方：能省就要再省

省電效益：年省2000元

姚爸爸和姚媽媽自從退休後，就決定返鄉養老，把長輩們生前居住的三層透天厝稍微粉刷整理，幾年來住得頗愜意。

由於兩老原本就省吃儉用，依循日出而作、日落而息的作息模式，一天看電視時間不超過一個半小時，門前的兩顆大龍眼樹下，是鄰居們談天乘涼的好去處。雖然夏季還是會吹冷氣，但也是有節制，入眠時才使用。這般簡單的綠生活，讓兩老即便生活在三層透天厝中，每一期電費也不過一〇〇〇元，比很多都市小套房還省。只不過，半年前開始，姚爸發現家中水費突然暴增，他百思不得其解，因此請我去家中，幫忙找原因，順便也想挑戰，看看電費能不能更省。

我仔細研究姚爸蒐集的水費帳單，發現每期用水量約二〇至三〇度，確實如姚爸所說，半年前開始用水量突爆增至五〇度。由於姚爸表明家中用水狀況完全沒改變，我推估應該是家中有嚴重漏水。至於用電方面，姚爸姚媽已經算是節電小尖兵，只有三項需要改進，分別是冷氣老舊已用了十五年、使用白熾燈、電熱水瓶二十四小時插電。

用定時器控制電熱水瓶開關時間，可省36%用電量！

一、設備建議：

❶更換高效率冷氣機，搭配風扇使用（請參考 65 頁）。

❷更換高效率省電燈泡（請參考 73 頁）。

❸用定時器控制電熱水瓶（請參考 81 頁）。

❹記錄某日活動時間的用水度數，隔天再記錄活動時間的用水度數，如此即可粗抓非用水時間的漏水量，確認是否真有漏水問題。接著進一步檢查各種漏水可能（請參考 133 頁）。

二、執行項目：

❶更換為節能標章直流變頻之分離式冷氣機 1 台，配合風扇使用，睡覺時設定舒眠功能。

❷將白熾燈更換成 21 瓦（W）節能標章省電燈泡，亮度、安裝顆數以主觀感受為主。

❸安裝機械式定時器，考慮姚媽夜晚飲用熱飲的習慣，設定白天時間（早上 9 點～下午 5 點）及凌晨（晚上 12 點～清晨 5 點）關掉開飲機電源。

❹經漏水檢查，確認 2 間浴室馬桶止水閥因使用多年而故障，經更換後，用水量已回復至平均度數。

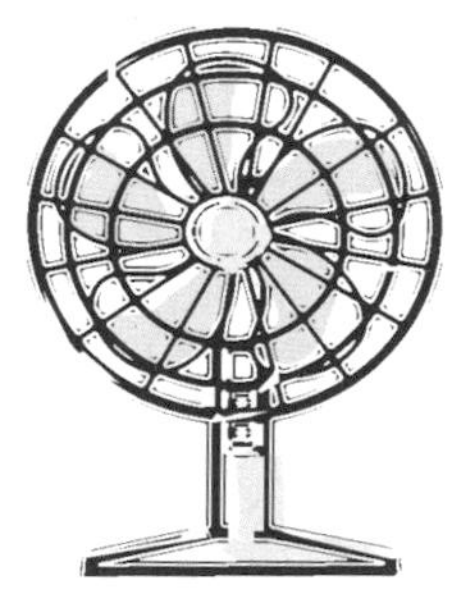

電扇擺在冷氣受風處，可提升降溫效果。

三、節電效果

調整前：每年使用約 2000 度電，約 6000 元；用水費約 3000 元。

調整後：每年使用約 1600 度電，約 5000 元；用水費約 2000 元。

1 年共省下 2000 元。

案例①
改兩段式電費，更換高效率燈泡，連鎖商店年省35000元

基本資料：連鎖商店
建議處方：變更電價方案、淘汰低效能電器、調整用電習慣
省電效益：月省3000元，年省35000元

這次委託的是連鎖企業集團所屬分店二百家中的其中一家，商店位於商辦混合辦公大樓一樓，室內樓地板面積約二十四坪。原則上，該集團內各分店營業性質相同，差別在於營業面積大小及來客數，但各分店每年電費動輒十二到二十萬元（本委託商店為十四萬元，向台電公司申請契約容量為一二瓩（kW），集團總部期望以本商店為節約參考案例，希望找出各分店共同解決方案，降低整體集團電費。

當我與團隊實際到訪後，我們分別從電費、冷氣、照明、使用習慣分析起，發現問題如下：該商店採用一對二分離式冷氣機六冷凍噸一台，冷氣已用了八年，效率明顯降低，且每天早上八點半到晚上十點冷氣開啟設定皆相同，但實際上，平常白天業務同仁經常外出接洽業務，待在公司的時間以晚上居多，顧客來店主要也以晚上及假日為主；商店燈具基礎照明部分，選用T8型二〇瓦（W）四盞傳統式安定器日光燈具，約二十具，每天使用時間為早上八點半到晚上十點；重點照明招牌燈及柱燈照明，則採用T8型四〇瓦（W）一盞，共二十具，每天使用時間晚上六點到十點。據評估，燈具用電量占商店用電五〇％，且每天使用時間長達十四小時，店內之影印機、印表機、開飲機皆由同仁自行開關，同仁據實以報，表示偶爾會忘記，另外傳真機則二十四小時使用；目前電價申請為非時間電價，沒有白天夜晚差別，但顯然該商店用電夜晚、假日多於平日，應申請二段式電表。

Mr. 黃節能處方

一、設備建議：

❶經統計，尖峰需量 10 ~ 14 瓩（kW）為合理值，並申請變更為兩段式電價計價（請參考 148 頁）。

❷因店面是租用的，可重新評估冷氣機噸數、冷氣供應方式、節省效益及投資回收，除了可以降低電費，更可以解決來客數變化大問題（請參考 156 頁）。

❸採用 T5 型高效率燈具，將大幅降低商店用電量（請參考 161 頁）。

❹協調最後離開之同仁，將家電、所有事務機電源關閉。

二、執行項目：

❶契約容量為 13 瓩（kW），暫無需變更契約容量，同時向台電公司申請兩段電價計價方式，降低流動電費支出。

❷更換為一對二直流變頻式冷熱兩用冷氣機，裝置容量 6 冷凍噸，冷氣供應區域分顧客區及辦公區，成功降低冷氣用電量；另外，冬天寒流來時可供應暖氣，成功打造更舒適的環境。

❸已更換 T5 型 14 瓦（W）三盞電子式安定器日光燈具，提高照度 10％且降低燈具用電量。

❹由店長進行協調，全體同仁一起配合，下班時確認事務機器及其他家電電源關閉。

T5 的發光效率約為傳統的 1.7 倍。

三、節電效果

調整前：每年使用約 37000 度電，約 140000 元。

調整後：每年使用約 28000 度電，約 105000 元。

1 年共省下 35000 元。

案例②
淘汰老舊冷氣，調整電燈開關區域，辦公大樓年省7500元

基本資料：辦公大樓
建議處方：淘汰老舊電器、配置用電區域、調整用電習慣
省電效益：月省6250元，年省75000元

委託業者辦公室位於十二層樓住商混合辦公大樓之頂樓，室內樓地板面積約二百坪，向台電公司申請契約容量為六〇瓩（kW），一直以來用電量平穩，不過，這一陣子突然暴增二〇%，每月電費上看四二〇〇〇元，一年下來五〇萬元跑不掉。內部自行檢討，懷疑是這幾個月來同仁平日晚上及假日加班頻率增高，冷氣、電燈使用時間加長，使得電費暴增。

在我與團隊初步了解後，認同上述推論。進一步了解後發現，該辦公室用電問題主要如下：冷氣老舊，辦公室使用了四台一對二分離式冷氣機十冷凍噸，冷氣機高齡十歲，有部分同仁經常抱怨冷氣太冷，同時卻有部分同仁抱怨冷氣太弱，很不冷。另外，員工一致表示，冬天時冷氣怎麼調都太強，但不開又太悶。

辦公區採用燈具為T8型四〇瓦（W）三盞電子式安定器日光燈具，約一百具，分區域開關，加班時間由同仁自行開關。不過，經常一個區域只有一位同仁加班，卻整區燈火通明，走道也為了小貓兩三隻而打亮。

為打造友善環境，公司茶水間家電一應俱全，電冰箱、蒸飯箱、烘碗機、咖啡機、微波爐應有盡有。冰箱二十四小時用電，冷凍冷藏庫食物常裝滿一〇〇%；其他家電則由同仁開關；事務機器如印表機、影印機也由同仁自行開關。

Mr. 黃節能處方

一、設備建議：

❶根據同仁描述冷氣機狀況推估，冷氣已過度老舊，不僅效率降低，部分控制開關也已經故障，建議更換高效率冷氣機，另因位在頂樓，建議應選擇略大噸數之冷氣（請參考 156 頁）。

❷事務機、家電忘記關閉，待機電力不容小覷，建議多注意（請參考 94 頁）。

❸電冰箱冷凍冷藏庫食物常裝滿，影響電冰箱耗電量，建議定期清理冷凍冷藏庫食物（請參考 85 頁）。

❹重新調整辦公區走道及電燈開關的配置，畫分區域越小越好（請參考 164 頁）。

二、執行項目：

❶更換為一對二直流變頻式冷熱兩用冷氣機，裝置容量 10 冷凍噸。冷氣供應區域依部門業務重新調整，常加班部門集中供應，已成功降低冷氣用電量；冬天寒流來時可供應暖氣，已提高辦公室舒適性。

❷已訂定冷氣、燈具、事務機器及家電加班同仁注意事項，由加班同仁負責。

❸已協調辦公室自願性義工，定期清理冰箱。

❹辦公區走道燈具減光，但不低於國家照度參考值以確保安全性。另外，調整電力迴路，提供精確區域用電。

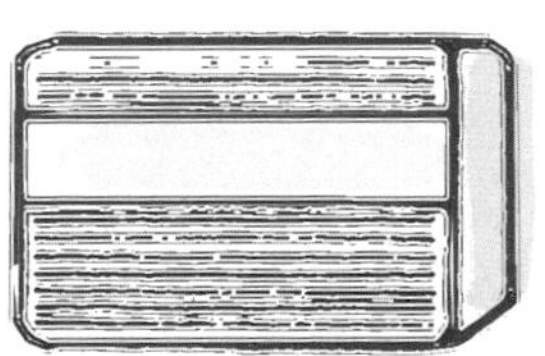

超齡家電的耗電量比節能家電高出 2.5 倍！

三、節電效果

調整前：每年使用約 130000 度電，約 500000 元。

調整後：每年使用約 113000 度電，約 425000 元。

1 年共省下 75000 元。

案例③ 降低契約容量改兩段式計價，調整電燈開關，集合住宅3年共省80000元

基本資料：集合住宅

建議處方：調整契約容量變更電價方案、善用定時器開關分區調整

省電效益：3年省80000元

本案為一住商混合之社區大樓，共十七層樓，約六十戶，大樓進住率第一年七〇％（現為九〇％），向台電公司申請契約容量為六〇瓩（kW），每個月平均電費約二三〇〇〇至二八〇〇〇元，管委會覺得電費占總支出費用二〇％太高，因而請我幫忙分析，並擬定節約計畫。

我仔細分析了住宅的用電狀況如下：公共區域用電尖峰時間，平日為早上七點到九點、晚上六點到九點，假日為整天；十五人電梯兩台、機械停車設備二十台，皆為二十四小時開放使用；排風扇三馬力三台，開啟時間早上七點到八點、晚上六點到七點，每天用電度數十三度，一年累積可達四七〇〇度；消防泵浦十五、十及五馬力，每月保養時開啟；公共區域省電燈泡燈具約二百顆，由住戶自行開關；地下一至三樓停車場燈具四〇瓦（W）一盞約一百具，由住戶自行開關；大樓戶外景觀及投射燈具數量三十至四十具，由管理員於晚上六點到十點開啟全部燈具；用水僅供應廁所及澆灌植栽。

因集合住宅用電項目多且專業，我建議一項項抽絲剝繭。在電價上，根據長期帳單來看，平均年用電度數七〇〇〇〇度、電費約二十八萬元，算起來平均電價約四元，高於一般三至三．五元／度，顯示該社區有很大節約潛力，我推估應該是契約容量契約六〇瓩（kW）訂定過高、電價計價方式選擇錯誤所致。

消防泵浦馬力高，如果保養時又開啟運轉，恐

怕導致超約罰款；公共區域雖已採用省電燈泡燈具，但數量多且二十四小時使用，仍然占大樓很高比率用電量；戶外燈具也有一樣的問題，雖為功率一至三瓩（kW）投射燈、省電燈具，但因數量眾多，同時開啟用電度高得嚇人。

Mr. 黃節能處方

一、設備建議：

❶統計每月尖峰需量，調整契約容量（請參考154頁）。

❷考量住宅大樓用電習性為離峰時間用電量較高，建議申請變更為兩段式電價（請參考147頁）。

❸實際統計上下班時間出入車輛數，調整排風扇運轉時間。

❹每月保養時消防泵浦輪流開啟。

❺室內燈具採用定時器開關、分區域開關、請管理員巡邏關燈。

❻室外燈具採分區域開關、縮短開啟時間。

二、執行項目：

❶經統計，每個月尖峰需量20～35瓩（kW），顯示契約60瓩（kW）確實太高，考量大樓第1年進住率僅70%，先保守調降契約至45瓩（kW），第2年後依實際尖峰續調降至25瓩（kW）。

❷已申請兩段電價計價方式。

❸經實際統計發現，上下班時間出入車輛數沒有想像中多，故縮短排風扇開啟時間為早上7點～7點半、晚上6點～6點半，並利用定時器輪流開啟各樓層排風扇運轉。

❹維護保養契約訂定，每月保養時消防泵浦輪流開啟壓力測試，測試時間不超過15分鐘，避免超約罰款。

❺請管理員上班時間巡邏時，關閉公共區域1／2燈具，凌晨則關閉2／3燈具；停車場燈具增設定時器，並於上班時間巡邏時關燈1／2，凌晨關燈2／3。

❻經管委會會議及徵詢住戶意見，關掉高耗電投射燈，利用定時器於晚上7點～9點開啟戶外省電燈泡。

三、節電效果

調整前：每年使用約70000度電，約280000元。

調整後：第1年使用64000度電，約230000元；
第2年使用63000度電，約210000元；
第3年使用58000度電，約200000元；

3年共省下80000元。

制定合宜的契約容量，才能不多繳冤枉錢又不會經常超約。

一起來認識節能、省水標章！

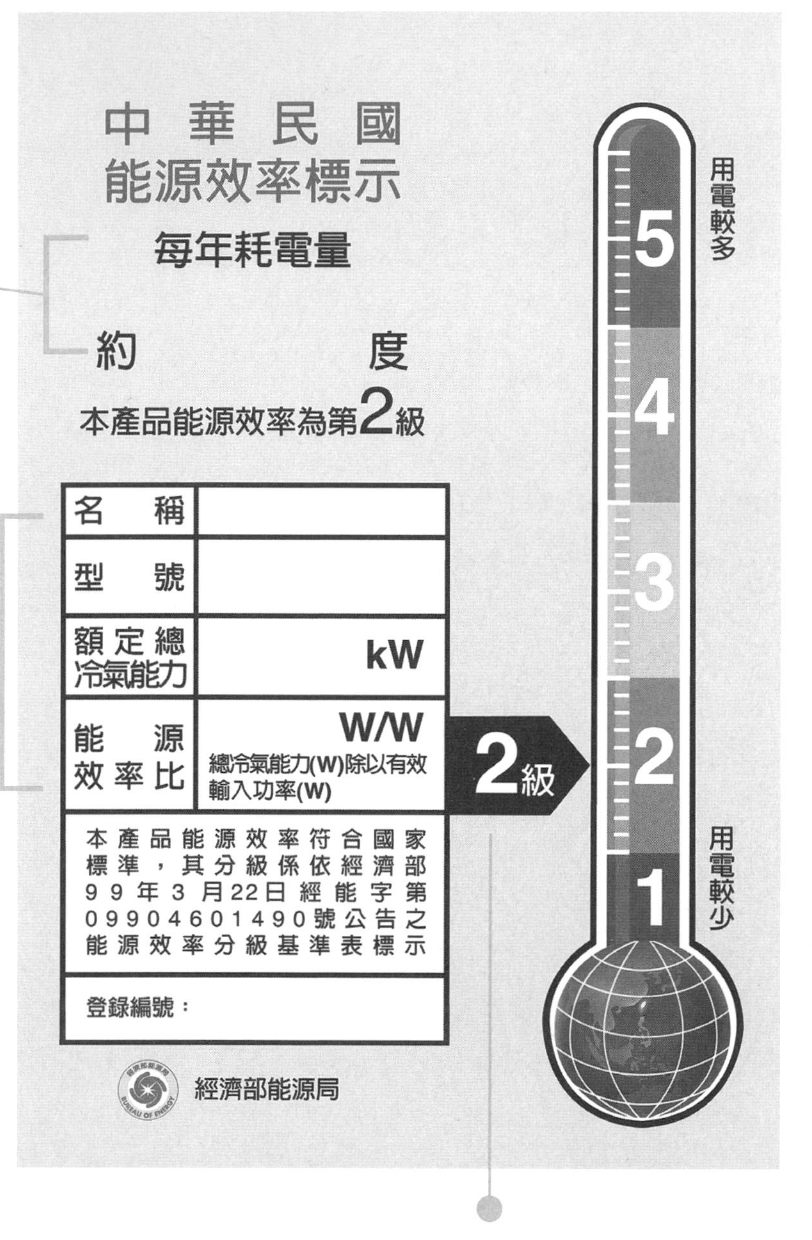

等級標示

分為 5 級，級數越低用電越省，1 級耗能最少，5 級耗能最多

❶能源標示代表什麼意思？

每年耗電量
幫忙粗估該電器每年的耗電量

冷氣機專用
能源效率值 EER
冷氣機每使用 1 瓦（W）電所能發揮的冷凍能力

電冰箱專用
能源因數值 EF
每消耗 1 度電所能維持的冷藏冷凍容積

除濕機專用
能源因數值 EF
每消耗 1 度電所產生的除濕水量

省電燈泡專用
發光效率
每單位消耗電力所產生的發光量

熱水器、瓦斯爐專用
熱效率
自燃燒器所產出的能量比例

❷什麼是節能標章認證？

經濟部能源局所建立的認證制度，代表能源效率比國家認證標準高 10 ～ 50%，也就是說該產品不僅品質有保障，還比較省電！

❸什麼是國際能源之星標章？

起初由美國環保署所推動，台灣也有加入此計畫，此標章代表消費產品具節約能源之國際標準。

❹什麼是 80PLUS 認證標章？

針對電源供應器產品，屬於國際認證標章，此標章代表電源供應器在各種負載的情形下，皆能保持 80% 以上的轉換效率，有助減少能源的耗費。

❺什麼是 CNS 商品檢驗合格標籤？

代表通過經濟部標準檢驗局檢驗，產品不僅安全有保障，規格效率也有相當水準。

❻什麼是省水標章？

這是由經濟部水利署所推動的認證制度，舉凡所有通過省水測試的用水、控水器材，都貼有這張微笑水滴標誌。

❼什麼是 TGAS 標章？

TGAS 是台灣瓦斯器材工業同業公會所提供的「產品瑕疵意外責任險」，有選有保障。

節能減碳已成為一種新企業文化

近年來，在政府獎勵節能減碳的政策鼓勵下，許多機關、團體、企業、學校，都紛紛響應，並在專業輔導之下，獲得斐然成效。除了降低成本、節省大量經費之外，更為地球環境盡一份心力。

以下就是我近年來在服務的台灣綠色生產力基金會，曾參與輔導的代表性企業和機關、學校，希望透過拋磚引玉，能有更多國內企業、團體加入此一行列，大家一起節能減碳救地球！

輔導單位一覽表

公司行號／機關名稱	輔導內容
國立台灣大學	建築物節能減碳輔導
國立台灣師範大學	建築物節能減碳輔導
國立中正大學	電力監控系統及建築物節能輔導
國立成功大學	建築物節能減碳輔導
潭墘國小	學校空調及燈具節能輔導
國立成大醫院	建築物及空調節能輔導
新光醫院	醫院節能輔導
高苑科技大學	建築物節能減碳輔導
東海大學	建築物節能減碳輔導
新北市政府	建築物節能減碳輔導
遠傳電信公司	電信機房節能輔導
長榮桂冠酒店	飯店節能輔導
永慶房屋集團	營業店面節能輔導
大台北瓦斯公司	建築物節能輔導
長虹峰華大樓	社區用電節能輔導
鼎峰大樓	社區節能輔導、電能及燈具節能改善

最新增訂

破除10大用電迷思，建立正確節能觀念！

❶變頻冷氣最省電？

看影片

省電與使用者需求有關。

變頻冷氣較穩定，不會忽冷忽熱，對溫度要求高、習慣吹過夜者，較適合選擇直流變頻冷氣，反之，選擇定頻冷氣會比較省錢。

❷電器不用就要拔插頭？

看影片

頻繁拔插頭，容易造成插座損壞、接觸不良、冒火花，甚至可能損害電器的使用壽命。

建議選購多孔開關延長線，解決電器待機耗電的問題。

❸使用噴霧機／加濕器，能降低室溫嗎？

看影片

加濕器適合用在空氣流通的室外，因為有風做熱對流，把熱氣帶走。

室內使用的降溫效果有限，在冷氣房使用時，更會增加耗電量。

❹省電燈泡怎麼選？如何延長使用壽命？

看影片

燈泡要選擇電壓規格高一階較省電。

例如：環境電壓 110 伏特，最好選擇規格 115 或 120 伏特的燈泡。

❺隨手關燈真的可以幫忙省電嗎？

看影片

隨手關燈的觀念應該依現況做調整。

燈泡使用壽命約一年，會因為開、關頻繁，而降至半年到 3 個月不等，建議離開位子或房間 10 到 15 分鐘以上才關燈。

❻購物台賣的節能裝置，真的有效嗎？

看影片

市售的節電器有兩種：一是降低低額定電壓，減少耗電；二是類似電容器功能，降低線路損失。

節能器多用於企業節電，一般家庭如使用節電器，回收期較長，未必划算。

❼電燈不亮時，開著會不會耗電？

看影片

日光燈具壽命約 6000 至 8000 小時，閃爍或黑化時，就是使用壽命將到，需要汰換，繼續使用仍會耗電。

更換燈管時，應將電源開關關閉，避免觸電。

❽燈泡顏色不同，耗電量有差別嗎？

看影片

燈泡色與晝光色是色溫不同，無關耗電。

環境要舒適，建議選色溫較低的燈泡色燈具；環境要明亮，建選選色溫較高的晝光色燈具。

❾冷氣設定 26 度時，搭配風扇更節電？

看影片

風扇可加強冷氣循環，幫助降溫。

吹冷氣搭配電扇，可提高設定溫度，每提高 1 度，可省下 6% 冷氣電費喔！

⑩有對外窗但風吹不過進來，如何省電降溫？

看影片

建議加裝抽排風扇，增加室內對流。

先讓室內通風，降低室溫，再開冷氣，平均可降低 3 度室溫，省下 18% 電費。

⑪熱水器易忽冷忽熱，有節省瓦斯的方法嗎？

看影片

傳統熱水器已使用 5 年以上，建議可汰換成恆溫型熱水器。

恆溫型熱水器夏天設定在 37-40 度、冬天設定在 42-45 度。

⑫開冷氣時，循環扇要如何擺放才省電？

看影片

循環扇可讓室內空氣循環改善，放在通風差或較熱的地方，冷氣效果最佳，也最省電。

改變開燈習慣，擠出咖啡錢【增訂版】

診斷NG使用習慣，幫自己省下一半水電費

作　　者：黃建誠
文字整理：發言平台　沈詠惠、呂芝萍、呂芝怡
特約編輯：凱特
美術設計：陳瑀聲
插　　畫：劉素臻、典匠資訊股份有限公司
總 編 輯：蔡幼華
主　　編：黃信瑜
責任編輯：何　喬
編輯顧問：洪美華

出　　版：新自然主義
　　　　　幸福綠光股份有限公司
地　　址：台北市杭州南路一段63號9樓
電　　話：（02）23925338
傳　　真：（02）23925380
網　　址：www.thirdnature.com.tw
E-mail：reader@thirdnature.com.tw
印　　製：中原造像股份有限公司
初　　版：二〇一五年六月
二　　版：二〇二〇年三月
郵撥帳號：50130123 幸福綠光股份有限公司
定　　價：新台幣三五〇元（平裝）

ISBN 978-957-9528-71-9

總經銷：聯合發行股份有限公司
新北市新店區寶橋路235巷6弄6號2樓
電話：（02）29178022　傳真：（02）29156275
（原書名：省水電瓦斯50%大作戰）

國家圖書館出版品預行編目資料

改變開燈習慣，擠出咖啡錢【增訂版】/
黃建誠著 . -- 二版 . -- 臺北市 : 新自然主義,
幸福綠光 , 2020.03
面；　公分
ISBN 978-957-9528-71-9　（平裝）

1. 儲蓄 2. 能源節約 3. 家庭理財

421.1　　　109002272